AF393293

Heiko Wenner

Genügsamkeit und Fülle

Die Kunst genug in allem zu sehen

1. Auflage 2024

Copyright © 2024 Heiko Wenner

Text: Heiko Wenner
Umschlaggestaltung: Monika Hurka
Layout und Satz: Monika Hurka

Druck und Distribution:
tredition GmbH, Halenreie 40-44, 22359 Hamburg, Deutschland

Bestellung beim Autor:
Heiko Wenner, Zum Hartberg 20, 64739 Höchst im Odw., Deutschland
+49-(0)6163-943 973 6
info@akury.de

ISBN: 978-3-384-44185-0

Gedruckt in der EU.

INHALT

VORWORT

Dieses Buch erforscht die Philosophie der Genügsamkeit und zeigt, wie man in einer Welt, die oft von Überfluss und Konsum geprägt ist, Zufriedenheit und Fülle finden kann. Es beleuchtet historische und kulturelle Perspektiven der Genügsamkeit und bietet praktische Tipps für ein minimalistisches Leben.

Das Buch betont die Schönheit der Einfachheit und wie man Fülle in kleinen Dingen entdecken kann. Es behandelt auch die Verbindung zwischen Genügsamkeit und Nachhaltigkeit, finanzielle Freiheit durch Sparsamkeit, und die Bedeutung von Wertschätzung in Beziehungen.

Darüber hinaus bietet es Einblicke in ein gesundes Leben durch Achtsamkeit und einfache Gewohnheiten, sowie Strategien für eine digitale Entgiftung. Praktische Übungen und tägliche Rituale sollen dir helfen, Genügsamkeit in den Alltag zu integrieren und ein erfülltes Leben zu führen.

Im Laufe der Lektüre wirst du feststellen, dass sich bestimmte Themen und Ideen in unterschiedlichen Abschnitten wiederfinden. Diese Überlappungen sind bewusst gesetzt und dienen einem tieferen Zweck. Sie verdeutlichen die Komplexität und Allgegenwärtigkeit dieser Polaritäten in unserem täglichen Leben.

Durch die Betrachtung von Genügsamkeit und Fülle aus verschiedenen Perspektiven eröffnen sich neue Einsichten. Diese mehrschichtige Herangehensweise ermöglicht es dir, ein umfassenderes Verständnis zu entwickeln und die Thematik in ihrer ganzen Tiefe zu erfassen.

Die wiederkehrenden Motive unterstreichen zudem die Verflechtung von Genügsamkeit und Fülle in unterschiedlichen Lebensbereichen. Sie laden dazu ein, über die oberflächliche Wahrnehmung hinauszugehen

und die subtilen Verbindungen zwischen diesen scheinbar gegensätz-
lichen Konzepten zu entdecken.

Lass dich auf diese Reise ein, die dir neue Sichtweisen eröffnet und
dein Verständnis für die Balance zwischen Genügsamkeit und Fülle
bereichert.

VORSPANN

Zu Beginn dieses Buches möchte ich dir eine Kurzgeschichte über die Genügsamkeit und Fülle und die Kunst genug in allem zu sehen erzählen.

Der Anfang einer Reise

In einer sanften Senke, umgeben von dichten Wäldern und weiten Feldern, liegt das idyllische Dorf Grünthal. Die Luft ist erfüllt vom Duft blühender Wildblumen und dem leisen Summen der Bienen, die geschäftig von Blüte zu Blüte fliegen. Die Dorfstraße, ein schmaler, gewundener Pfad aus festgetretenem Lehm, schlängelt sich zwischen den Häusern hindurch, die aus groben Steinen und verwittertem Holz errichtet sind. Über den mit Moos und Flechten bedeckten Dächern ragen die Kronen alter Eichen empor, die seit Generationen über das Dorf wachen.

Die Morgensonne taucht die Welt in ein warmes, goldenes Licht, das die Farben der Natur zum Leuchten bringt. Ein sanfter Wind bewegt die Blätter, und das Rascheln vermischt sich mit dem fröhlichen Geplätscher eines nahen Baches, der sich durch die Landschaft schlängelt. Hier, in dieser harmonischen Umgebung, lebt Anna, eine junge Frau, die mit einem offenen Herzen und einem unstillbaren Wissensdurst gesegnet ist.

Anna ist von schlanker Gestalt, mit langen, dunklen Haaren, die im Sonnenlicht schimmern. Ihre Augen, von einem tiefen Grün, spiegeln die Wälder wider, die sie so sehr liebt. Schon als Kind war Anna von der Natur fasziniert, und oft verbrachte sie Stunden damit, die Geheimnisse der Wälder zu erkunden, begleitet von dem melodischen Gesang der Vögel und dem sanften Rauschen der Blätter.

Annas Familie ist ein fester Bestandteil der Dorfgemeinschaft. Ihre Mutter, Elise, ist eine Frau von ruhiger Weisheit und unerschütterlicher Stärke. Sie lehrt Anna die Kunst des Gärtnerns, zeigt ihr, wie man mit der Erde arbeitet und die Früchte der eigenen Arbeit genießt. Elise hat ein Talent dafür, aus den einfachsten Zutaten köstliche Mahlzeiten zu zaubern, die sie mit der Familie und den Nachbarn teilt.

Ihr Vater, Johann, ist ein geschickter Handwerker, dessen Hände Geschichten von harter Arbeit und Hingabe erzählen. Er hat Anna beigebracht, die Schönheit in den kleinen Dingen zu sehen und den Wert der Handarbeit zu schätzen. Johann ist ein Mann weniger Worte, aber seine stille Präsenz ist eine Quelle der Stärke für die Familie.

Annas jüngerer Bruder, Lukas, ist das Gegenteil seiner Schwester. Voller Energie und Abenteuerlust verbringt er seine Tage damit, neue Spiele zu erfinden und die Grenzen des Dorfes zu erkunden. Seine unbändige Neugier führt ihn oft in Schwierigkeiten, aber seine unerschütterliche Fröhlichkeit macht ihn bei allen beliebt.

Zu Annas engsten Freunden gehört Marie, deren fröhliches Lachen das Dorf erhellt. Marie hat die Gabe, in allem das Positive zu sehen, und glaubt fest daran, dass das wahre Glück in den einfachen Freuden des Lebens liegt. Gemeinsam mit Anna teilt sie Träume und Geheimnisse, während sie durch die Felder streifen oder am Fluss sitzen und Pläne für die Zukunft schmieden.

Dann ist da noch Peter, ein stiller, nachdenklicher junger Mann, der oft mit Anna über die Bedeutung von Genügsamkeit und Fülle diskutiert. Peter hat eine ruhige, aber eindringliche Art, die Menschen dazu bringt, über ihre eigenen Überzeugungen nachzudenken. Er und Anna verbringen viele Stunden damit, die Wälder zu durchstreifen und über die Geheimnisse der Welt zu philosophieren.

Während die Sonne über Grünthal untergeht und die Dämmerung die Landschaft in ein goldenes Licht taucht, spürt Anna, dass eine Veränderung bevorsteht. Sie weiß noch nicht, wohin ihr Weg sie führen wird, aber sie fühlt sich bereit, die Reise zu beginnen, die ihr Herz schon lange ersehnt. Dies ist der Anfang ihrer Suche nach der Kunst, genug in allem zu sehen.

Die erste Begegnung mit dem Thema Genügsamkeit

Das Erntefest in Grünthal ist ein Ereignis, das die Dorfgemeinschaft jedes Jahr mit Spannung erwartet. Schon früh am Morgen erwacht das

Dorf zum Leben, als die ersten Sonnenstrahlen die Nebelschwaden über den Feldern vertreiben. Die Luft ist erfüllt vom Duft frisch gebackenen Brotes und der süßen Note von Äpfeln, die in großen Körben bereitstehen. Kinder laufen aufgeregt mit bunten Papierlaternen umher, die sie in den Tagen zuvor mit viel Liebe gebastelt haben. Ihre fröhlichen Rufe vermischen sich mit dem Lachen der Erwachsenen, die sich über die Tische beugen, um ihre Speisen zu arrangieren.

An verschiedenen Ecken des Platzes haben die Dorfbewohner Stände aufgebaut, an denen regionale Spezialitäten verkauft werden. Frau Lehmann, bekannt für ihren schmackhaften Apfelkuchen, hat einen großen Tisch mit einer Vielzahl von Kuchen dekoriert. Ihre Nachbarin, Frau Richter, bietet frischen Honig an und gibt den Kindern eine süße Kostprobe. Die Atmosphäre ist von Heiterkeit und Vorfreude erfüllt, während die Menschen durch die Reihen schlendern, alte Freunde begrüßen und neue Bekanntschaften schließen.

Die Musik spielt eine zentrale Rolle beim Fest. Einige der älteren Männer des Dorfes haben ihre Instrumente ausgepackt – eine Geige hier, ein Akkordeon dort – und spielen fröhliche Melodien, zu denen alle tanzen und sich amüsieren. Die Musik bringt die Menschen zusammen, sorgt für eine ausgelassene Stimmung und lässt die Sorgen des Alltags für einen Moment vergessen. Im Hintergrund sieht man eine Gruppe von Frauen, die gemeinsam einen traditionellen Tanz aufführen. Ihre Kleider flattern im Wind, während sie im Kreis singen und lachen. Die Zuschauer klatschen begeistert und feuern die Tänzerinnen an, und überall entstehen kleine Gruppen, die zusammenkommen, um anzustoßen und das Fest zu feiern.

Anna kann sich dem Zauber dieser Atmosphäre nicht entziehen. Während sie in die fröhlichen Gesichter ihrer Nachbarn blickt, fühlt sie sich tief verbunden mit der Gemeinschaft. Es ist ein Tag voller Dankbarkeit, Lächeln und der Freude, die gelernten Lektionen des Jahres zu teilen. Sie beobachtet, wie ihre Mutter, Elise, mit ihrer typischen Herzlichkeit andere Frauen des Dorfes anspricht, während sie gemeinsam am großen Tisch das Gemüse und die frischen Kräuter zur Schau stellen. Elise strahlt einen natürlichen Charme aus, der andere anzieht, und ihre Fähigkeit, das Alltägliche in etwas Besonderes zu verwandeln, inspiriert Anna.

Lukas, Annas kleiner Bruder, ist ganz damit beschäftigt, seinen Freunden aufregende Geschichten zu erzählen. Spielerisch zeigt er, wie er einen besonders großen Kürbis gezüchtet hat und prahlt dann mit seinen Abenteuern im Wald. Seine ungebremste Energie wird von den anderen Kindern sofort aufgegriffen, und sie schließen sich seinem Spiel an. In diesem Moment wird Anna bewusst, wie wichtig die Kinder für die Gemeinschaft sind – sie bringen Fülle, Freude und Unbekümmertheit in den Alltag.

Anna trifft dann auf Peter, der in einer Gruppe von jungen Männern sitzt. Er trägt sein typisches sanftes Lächeln und diskutiert mit ihnen über die bevorstehenden Erntearbeiten. Anna fühlt sich von seiner Nachdenklichkeit und seinem tiefen Blick angezogen. Er hat eine Perspektive auf das Leben, die die Einfachheit schätzt und dennoch Raum für Träume lässt. Während sie sich unterhalten, wird ihr klar, dass Peters Bestreben, mit den Ressourcen der Natur respektvoll umzugehen, auch ein Ausdruck von Genügsamkeit ist – eine Philosophie, die zwischen den Zeilen seiner Worte mitschwingt.

Als Anna sich später auf einer Bank neben Frau Müller niederlässt, überkommen sie gemischte Gefühle. Die Farben des Festes, das Lachen und die Freude um sie herum sind ansteckend, gleichzeitig aber auch ein Anlass zur nachdenklichen Reflexion. Frau Müllers weise Worte hallen in ihrem Kopf wider: „Genügsamkeit bedeutet nicht Verzicht, sondern die Fähigkeit, das Wertvolle im Einfachen zu erkennen." Anna beginnt zu begreifen, dass es in der Fülle nicht nur um die Menge der Dinge geht, sondern um die Bedeutung, die sie für einen haben. Wenn sie durch die Menge an Speisen und Gesichtern schaut, erkennt sie, dass jeder Teller, jede Tafel eine Geschichte erzählt – von harter Arbeit, von Geduld und auch von der Freude am gemeinsamen Leben.

„Wenn ich ehrlich bin, habe ich oft gedacht, dass ich mehr brauche, um glücklich zu sein," gibt Anna leise zu. „Manchmal fühle ich mich unzufrieden, während ich hier im Dorf wohne und das Gefühl habe, die Welt außerhalb von Grünthal ist aufregender." Frau Müller lächelt sanft. „Aber schau dich doch um, Anna. All diese Menschen, all diese schönen Dinge sind hier, weil wir uns bemühen, zu teilen und im Einklang mit dem Leben zu stehen. Genügsamkeit ist der Schlüssel, um den Reichtum, den wir haben, wirklich zu erkennen. Manchmal ist der Überfluss der Welt genau das, was uns blind macht für die Schönheit der kleinen Dinge."

Anna denkt an die kleinen Dinge – das Lächeln ihrer Mutter, die Geduld ihres Vaters beim Handwerken, das Lachen ihres Bruders und die Nähe ihrer Freunde. All diese Momente sind reichhaltiger als jeder materielle Besitz. In diesem Moment wird ihr klar, dass die Freude am Leben nicht allein in der Fülle von Dingen steckt, sondern in der Tiefe der Beziehungen, die sie zu den Menschen um sich herum hat. Sie entscheidet, dass sie lernen möchte, die Wunder des Alltags bewusst wahrzunehmen, statt sich ständig nach mehr zu sehnen.

Als der Abend hereinbricht und die ersten Sterne am Himmel erstrahlen, sieht Anna auf die festlich geschmückten Tische und die fröhlichen Gesichter ihrer Nachbarn und Freunde. Ein Gefühl der tiefen Dankbarkeit überkommt sie. Die Wärme der Gemeinschaft um sie herum und die Erinnerungen an diesen Tag festigen die neuen Einsichten, die sie gewonnen hat. „Wir sind reich, nicht durch das, was wir besitzen, sondern durch das, was wir teilen und erleben," denkt Anna, und eine Welle der Zufriedenheit durchströmt sie. Diese einfachen und doch tiefgehenden Erkenntnisse sind wie ein Lichtstrahl in ihrem Herzen, der die Schatten der Unsicherheit vertreibt, die sie manchmal empfunden hat.

Mit einem tiefen Atemzug schließt sie die Augen und macht einen mentalen Schwur: Sie wird ihren Blick auf das richten, was sie hat, und die Freuden des Alltags annehmen, egal wie klein sie auch erscheinen mögen. Diese Reise hat gerade erst begonnen, und die Grundlagen, die sie heute gelegt hat, werden sie auf den Wegen führen, die noch vor ihr liegen. „Ich werde lernen, genug in allem zu sehen," flüstert Anna in ihr Herz, während der Wind ihr sanft um die Wangen streicht. Das Gefühl der Entschlossenheit verbindet sich mit dem Wissen, dass sie nicht allein auf diesem Weg ist. Sie hat ihre Familie, ihre Freunde und die wunderbare Gemeinschaft von Grünthal an ihrer Seite, die sie auf ihrer Reise zur wahren Fülle im Leben begleiten werden.

Der Ruf der Fülle

Die Tage nach dem Erntefest vergehen in der gewohnten Ruhe des Dorflebens. Die Menschen von Grünthal kehren zu ihren täglichen Aufgaben zurück, erfüllt von der Wärme und Gemeinschaft, die das Fest mit sich gebracht hat. Doch diese Ruhe wird bald von einem unerwarteten Ereignis gestört, das das Dorf in Aufregung versetzt.

Eines Morgens, als der Nebel noch über den Feldern liegt und die ersten Sonnenstrahlen die Landschaft in ein sanftes Licht tauchen, erscheint ein Fremder im Dorf. Er kommt zu Fuß, mit einem großen Rucksack auf dem Rücken und einem entschlossenen Ausdruck im Gesicht. Sein Name ist Markus, ein Reisender, der aus einer fernen Stadt kommt. Seine Kleidung ist anders als die der Dorfbewohner – modern und auffällig – und er trägt eine Aura von Weltgewandtheit, die sofort die Aufmerksamkeit der Menschen auf sich zieht.

Markus wird von den Dorfbewohnern freundlich empfangen, denn Gastfreundschaft ist in Grünthal eine Selbstverständlichkeit. Er wird eingeladen, sich im Gasthaus niederzulassen, wo er bald von neugierigen Fragen umringt ist. Die Menschen wollen wissen, woher er kommt, was ihn nach Grünthal führt und welche Geschichten er von der Welt außerhalb ihres kleinen Dorfes zu erzählen hat.

Markus beginnt, von seinem Leben in der Stadt zu berichten, von den glänzenden Lichtern, den hohen Gebäuden und den unzähligen Möglichkeiten, die das urbane Leben bietet. Er erzählt von Geschäften, die rund um die Uhr geöffnet sind, von technologischen Wundern, die das Leben erleichtern, und von einem Überfluss an Waren und Dienstleistungen, die in Grünthal unvorstellbar sind. Seine Erzählungen sind lebendig und faszinierend, und die Dorfbewohner lauschen gebannt.

Doch mit der Faszination kommt auch eine leise Unruhe. Markus spricht von einem Lebensstil, der im krassen Gegensatz zu der Genügsamkeit steht, die die Menschen in Grünthal praktizieren. Er erzählt von einem Leben, in dem man alles haben kann, was man sich wünscht, oft ohne Rücksicht auf die Konsequenzen. Einige Dorfbewohner sind neugierig und begeistert von diesen Geschichten, sehen sie doch eine Welt voller Möglichkeiten und Abenteuer. Andere jedoch sind skeptisch und besorgt, dass dieser Überfluss die Werte und den Zusammenhalt ihrer Gemeinschaft gefährden könnte.

Anna ist unter den Zuhörern und fühlt sich hin- und hergerissen. Die Geschichten von Markus wecken in ihr eine Sehnsucht nach dem Unbekannten, nach der Aufregung und den Möglichkeiten, die die Welt außerhalb von Grünthal zu bieten hat. Doch gleichzeitig erinnert sie sich an die Lektionen der Genügsamkeit, die sie gerade erst zu schätzen gelernt hat. Sie fragt sich, ob es möglich ist, die Fülle der Welt zu erleben, ohne die Einfachheit und Zufriedenheit zu verlieren, die sie in ihrem Dorf gefunden hat.

Die Reaktionen der Dorfbewohner sind vielfältig. Einige, wie der junge Lukas, sind begeistert und träumen davon, die Welt zu erkunden und all die Wunder zu sehen, von denen Markus erzählt. Sie stellen sich vor, wie es wäre, in einer Stadt zu leben, in der alles möglich scheint. Andere, wie Frau Müller, sind skeptisch und warnen davor, die Werte der Gemeinschaft zu vergessen. Sie betonen, dass wahres Glück nicht im Überfluss, sondern in der Zufriedenheit mit dem, was man hat, zu finden ist.

Die Diskussionen im Dorf werden lebhaft, und es entstehen hitzige Debatten über die Vor- und Nachteile des städtischen Lebensstils. Einige Dorfbewohner beginnen, ihre eigenen Lebensweisen zu hinterfragen und überlegen, ob sie etwas ändern sollten. Es ist eine Zeit des Umbruchs, in der alte Überzeugungen auf den Prüfstand gestellt werden und neue Ideen Raum gewinnen.

Anna spürt, dass dies ein entscheidender Moment für sie ist. Sie steht an einem Scheideweg und muss entscheiden, welchen Weg sie einschlagen will. Die Geschichten von Markus haben in ihr eine Neugier geweckt, die sie nicht ignorieren kann, doch sie weiß auch, dass sie die Werte, die sie in Grünthal gelernt hat, nicht aufgeben möchte. Sie fragt sich, ob es möglich ist, einen Mittelweg zu finden, der es ihr erlaubt, die Welt zu erkunden, ohne ihre Wurzeln zu verlieren.

Während die Diskussionen im Dorf weitergehen, zieht sich Anna oft in die Stille des Waldes zurück, um nachzudenken und Klarheit zu finden. Sie wandert durch die vertrauten Pfade, lauscht dem Rauschen der Blätter und dem Gesang der Vögel, und sucht nach Antworten auf die Fragen, die sie beschäftigen. In der Ruhe der Natur findet sie Trost und Inspiration, und langsam beginnt sich eine Idee in ihrem Kopf zu formen.

Anna beschließt, dass sie ihre Reise antreten wird, um die Welt zu entdecken und mehr über sich selbst zu lernen. Doch sie wird dies mit einem offenen Herzen und einem wachen Geist tun, stets darauf bedacht, die Lektionen der Genügsamkeit und der Gemeinschaft, die sie in Grünthal gelernt hat, in ihrem Herzen zu bewahren. Sie erkennt, dass der wahre Reichtum nicht in materiellen Dingen liegt, sondern in den Erfahrungen und Beziehungen, die das Leben bereichern.

Mit dieser Entschlossenheit im Herzen kehrt Anna ins Dorf zurück, bereit, ihren Weg zu gehen und die Kunst zu erlernen, genug in allem zu sehen, egal wo sie sich befindet. Sie weiß, dass die Reise nicht einfach sein wird, aber sie ist bereit, die Herausforderungen anzunehmen und die Welt mit neuen Augen zu sehen.

Aufbruch ins Unbekannte

Der Morgen dämmerte mit einem sanften Licht, das die vertrauten Konturen des Dorfes Grünthal in ein goldenes Leuchten tauchte. Für Anna war es der Tag des Abschieds. Mit einem letzten, wehmütigen Blick auf das Haus, in dem sie ihre Kindheit verbracht hatte, zog sie die Tür hinter sich zu. Die Erinnerungen an vergangene Tage, an Lachen und Tränen, begleiteten sie, während sie die Straße hinunterging. Heute begann ein neues Kapitel, und Anna war bereit, sich den Herausforderungen und Abenteuern zu stellen, die vor ihr lagen.

Anna spürte ein Kribbeln der Aufregung in sich, gemischt mit einer Prise Nervosität. Die Welt außerhalb ihres kleinen Dorfes war ihr fremd, aber genau das machte den Reiz aus. Sie hatte von Orten gehört, die von dichten Wäldern, endlosen Wüsten und majestätischen Bergen geprägt waren – Orte, die sie nun selbst entdecken wollte. Die Vorstellung, diese unbekannten Landschaften zu erkunden, füllte sie mit einer tiefen Vorfreude. Gleichzeitig war da die Unsicherheit, die mit jedem Abschied einhergeht. Doch Anna wusste, dass sie diesen Schritt gehen musste, um zu wachsen und sich selbst zu finden. Sie nahm nur das Nötigste mit, um sich auf das Wesentliche zu konzentrieren und die Fülle der Welt um sich herum zu erleben.

Mit einem Rucksack voller Notwendigkeiten und einem Kopf voller Träume bestieg Anna den Zug, der sie hinaus in die Welt bringen würde. Der Rhythmus der Räder auf den Schienen beruhigte sie, während sie die Landschaft an sich vorbeiziehen sah. Felder, Wälder und kleine Dörfer zogen an ihrem Fenster vorbei, und Anna fühlte sich, als würde sie in ein neues Kapitel ihres Lebens eintauchen. Der Zug war nicht nur ein Transportmittel, sondern ein Symbol für den Übergang in eine neue Phase ihres Lebens. Sie erkannte, dass wahre Fülle nicht im Besitz, sondern in den Erlebnissen und Begegnungen lag, die sie auf ihrer Reise erwarteten.

Auf ihrer Reise begegnete Anna bald einer bunten Schar von Menschen. Da war zum Beispiel Lila, eine reisende Künstlerin, die mit ihren lebhaften Geschichten und ihrem unerschütterlichen Optimismus Anna sofort in ihren Bann zog. Lila war voller Energie und Lebensfreude, und ihre Erzählungen von Abenteuern in fernen Ländern inspirierten Anna. Gemeinsam mit Lila und anderen Abenteurern, die sich ihrer Gruppe anschlossen, erlebte Anna die ersten Abenteuer. Diese neuen Bekanntschaften waren mehr als nur Reisegefährten; sie wurden zu Freunden, die Anna auf ihrem Weg begleiteten und unterstützten. Anna lernte, dass die wahre Fülle des Lebens in den Beziehungen zu anderen Menschen lag.

Die Gruppe durchquerte einen geheimnisvollen Wald, in dem die Bäume zu flüstern schienen. Anna konnte kaum glauben, wie lebendig und faszinierend die Natur war. Jeder Schritt auf dem weichen Waldboden, jeder Sonnenstrahl, der durch das Blätterdach fiel, fühlte sich magisch an. Die Geräusche des Waldes – das Rascheln der Blätter, das Zwitschern der Vögel – umgaben sie wie eine beruhigende Melodie. Sie fanden Unterschlupf in einem kleinen Dorf, das für seine

Gastfreundschaft und seine köstlichen Speisen bekannt war. Die Dorfbewohner empfingen sie mit offenen Armen, und Anna genoss die Wärme und Gemeinschaft, die sie dort fand. Die Abende verbrachten sie am Lagerfeuer, wo Geschichten erzählt und Lieder gesungen wurden, und Anna fühlte sich zum ersten Mal seit langem wirklich lebendig. Sie erkannte, dass die Fülle des Lebens in den einfachen Freuden und der Gemeinschaft lag.

Jede Begegnung und jedes Erlebnis öffneten Anna die Augen für die Vielfalt und Schönheit der Welt. Sie lernte, dass das Unbekannte nicht nur Gefahren, sondern auch unzählige Möglichkeiten und Freundschaften bereithielt. Mit jedem Schritt, den sie weiter in diese neue Welt setzte, wuchsen ihr Mut und ihr Vertrauen in sich selbst. Sie begann, die Welt mit anderen Augen zu sehen, und erkannte, dass sie mehr über sich selbst lernte, als sie jemals erwartet hätte. Die Herausforderungen, die sie meisterte, stärkten ihren Charakter und ließen sie reifen. Anna fand Erfüllung in der Genügsamkeit – in der Fähigkeit, mit wenig auszukommen und dennoch reich an Erfahrungen zu sein.

Eines Abends, als die Gruppe um ein Lagerfeuer saß und Lila eine ihrer Geschichten erzählte, bemerkte Anna, dass sie sich verändert hatte. Sie fühlte sich freier und lebendiger als je zuvor. Der Aufbruch ins Unbekannte hatte ihr nicht nur neue Horizonte eröffnet, sondern auch eine neue Perspektive auf ihr eigenes Leben. Sie erkannte, dass sie die Fähigkeit hatte, ihre Träume zu verfolgen und ihre Ängste zu überwinden.

Diese Reise war nicht nur eine äußere, sondern auch eine innere, die sie zu einer stärkeren und selbstbewussteren Person machte. Anna verstand, dass wahre Fülle aus der inneren Zufriedenheit und dem Erleben der Welt in ihrer ganzen Pracht kam.

Mit der Gewissheit, dass noch viele Abenteuer auf sie warteten, legte Anna sich unter den funkelnden Sternenhimmel und schlief mit einem Lächeln ein. Der nächste Tag würde neue Herausforderungen und Entdeckungen bringen, und sie war bereit, ihnen mit offenem Herzen entgegenzutreten. Sie wusste, dass sie auf dem richtigen Weg war und dass die Welt voller Wunder war, die nur darauf warteten, von ihr entdeckt zu werden. Anna war bereit, die Zukunft mit offenen Armen zu empfangen und die Möglichkeiten zu nutzen, die sich ihr boten. Sie hatte gelernt, dass Genügsamkeit und Fülle Hand in Hand gehen konnten, wenn man die Welt mit einem offenen Geist und einem offenen Herzen betrachtete.

Lektionen der Genügsamkeit

Die ersten Sonnenstrahlen brachen über den Horizont und tauchten die Landschaft in ein warmes, goldenes Licht, während Anna und ihre Freunde ihr Lager im Tal abbrachen. Der Morgen war frisch, die Luft klar und voller Versprechen. Der Tag versprach neue Begegnungen und Einsichten, und Anna war gespannt darauf, welche Lektionen das Leben für sie bereithalten würde. Die Reise führte sie durch eine sanfte Hügellandschaft, die von kleinen Dörfern und weitläufigen Feldern durchzogen war. Die Natur war in voller Blüte, und der Duft von frischem Gras und blühenden Blumen lag in der Luft.

Während sie durch eines der Dörfer wanderten, fiel ihnen die ruhige und friedliche Atmosphäre auf. Die Menschen hier lebten in bescheidenen Häusern, die von üppigen Gärten umgeben waren. Es war, als ob die Zeit in diesem Dorf langsamer verging, und Anna spürte eine tiefe Ruhe, die von den Bewohnern ausging. Die Dorfbewohner schienen in Harmonie mit ihrer Umgebung zu leben, und Anna war fasziniert von der Einfachheit und Zufriedenheit, die sie ausstrahlten. Neugierig auf das Leben in dieser Gemeinschaft, beschlossen sie, eine Weile zu bleiben und die Menschen kennenzulernen.

Anna und ihre Freunde trafen auf Maria und Jakob, ein älteres Ehepaar, das seit Jahrzehnten in einem kleinen Haus am Rande des Dorfes lebte. Sie wurden herzlich eingeladen, bei ihnen zu verweilen und von ihrem einfachen, aber köstlichen Mahl zu kosten. Der Tisch war mit frischen, selbst angebauten Lebensmitteln gedeckt, und die Mahlzeit wurde mit Liebe und Sorgfalt zubereitet. Am Tisch erzählten Maria und Jakob von ihrem Leben, das von der Arbeit auf den Feldern und der Pflege ihres Gartens geprägt war. Sie lebten im Einklang mit der Natur und waren zufrieden mit dem, was sie hatten. Anna war beeindruckt von der Ruhe und Zufriedenheit, die das Paar ausstrahlte. Sie erkannte, dass wahre Fülle nicht im Besitz von Dingen lag, sondern in der Fähigkeit, das Leben in seiner Einfachheit zu genießen.

Während ihres Aufenthalts bei Maria und Jakob lernte Anna einige wichtige Lektionen über Genügsamkeit. Maria sprach darüber, wie wichtig es sei, jeden Tag mit einem Gefühl der Dankbarkeit zu beginnen, unabhängig davon, wie viel oder wenig man besaß. Diese Haltung half ihnen, die kleinen Freuden des Lebens zu schätzen und nicht nach mehr zu streben, als sie brauchten. Anna begann zu verstehen, dass Dankbarkeit eine Quelle der Zufriedenheit war, die sie bisher unterschätzt hatte. Die Fähigkeit, das Hier und Jetzt zu schätzen, wurde für Anna zu einer neuen Art, die Welt zu betrachten.

Das Dorf war, wie ihr Heimatdorf Grünthal eng verbunden, und die Bewohner unterstützten sich gegenseitig in schwierigen Zeiten. Anna erkannte wiederholt, dass Gemeinschaft und Zusammenhalt eine Quelle der Stärke und Zufriedenheit sein konnten. Jakob erzählte von den Festen und Feierlichkeiten, bei denen das ganze Dorf zusammenkam, um zu feiern und sich gegenseitig zu helfen. Diese Erlebnisse zeigten Anna, dass wahre Fülle oft in den Beziehungen zu anderen Menschen lag und nicht in materiellen Besitztümern. Die Geschichten von Nachbarschaftshilfe und gemeinschaftlichen Projekten beeindruckten Anna und ließen sie über die Bedeutung von Gemeinschaft nachdenken.

Jakob führte Anna in ihren Garten und erklärte, wie sie im Einklang mit der Natur lebten, indem sie nur das nahmen, was sie brauchten, und darauf achteten, die Umwelt zu schonen. Der Garten war ein kleines Paradies, voller Farben und Leben. Anna war fasziniert von der Art und Weise, wie sie die Ressourcen der Natur respektierten und nutzten, ohne sie auszubeuten. Diese nachhaltige Lebensweise inspirierte Anna, über ihren eigenen Konsum nachzudenken und wie sie ihr Leben umweltbewusster gestalten könnte. Sie erkannte, dass Genügsamkeit auch bedeutete, Verantwortung für die Umwelt zu übernehmen und im Einklang mit der Natur zu leben.

Anna fühlte sich inspiriert von der Lebensweise der Dorfbewohner. Sie begann zu verstehen, dass Genügsamkeit nicht Verzicht bedeutete, sondern eine bewusste Entscheidung, das Leben mit Achtsamkeit und Respekt zu führen. Diese Erkenntnis veränderte ihre Perspektive auf ihre eigene Reise und die Ziele, die sie verfolgte. Sie erkannte, dass sie durch das Loslassen von unnötigem Ballast Raum für neue Erfahrungen und Einsichten schaffen konnte. Die Einfachheit des Lebens im Dorf lehrte Anna, dass weniger oft mehr sein konnte, und dass wahre Erfüllung aus dem Inneren kam.

Als die Gruppe sich von Maria und Jakob verabschiedete, versprach Anna, die Lektionen der Genügsamkeit in ihr Leben zu integrieren. Sie fühlte sich bereichert durch die Begegnungen und die Weisheit, die sie auf ihrem Weg gesammelt hatte. Der Abschied fiel schwer, doch Anna wusste, dass sie diese wertvollen Lektionen mit sich tragen würde, wohin auch immer ihre Reise sie führte. Sie versprach sich selbst, die Prinzipien der Genügsamkeit und Nachhaltigkeit in ihren Alltag zu integrieren und die einfachen Freuden des Lebens zu schätzen.

Mit frischem Mut und einer neuen Sichtweise setzten Anna und ihre Freunde ihre Reise fort. Die Landschaft veränderte sich allmählich, und neue Abenteuer warteten auf sie. Anna war gespannt darauf, welche weiteren Lektionen und Erlebnisse auf sie warteten. Die Welt war voller Möglichkeiten, und Anna war bereit, sie mit offenen Armen zu empfangen. Sie wusste, dass die Lektionen der Genügsamkeit sie auf ihrem Weg begleiten und ihr helfen würden, die Herausforderungen des Lebens mit Gelassenheit und Zuversicht zu meistern. Die Reise war noch lange nicht zu Ende, aber Anna war bereit, jeden Schritt mit einem offenen Herzen und einem klaren Geist zu gehen.

Die Versuchung des Überflusses

Nach Tagen des Wanderns durch die sanften Hügel und beschaulichen Dörfer, die Anna und ihre Freunde mit einer tiefen Ruhe und Zufriedenheit erfüllt hatten, erreichten sie schließlich eine pulsierende Stadt. Schon aus der Ferne war der Lärm der Straßen zu hören, und die Lichter der Hochhäuser erhellten den nächtlichen Himmel. Es war, als ob sie in eine andere Welt eintauchten – eine Welt des Überflusses und der unendlichen Möglichkeiten.

Die Ankunft in der Stadt war überwältigend. Die Straßen waren voller Menschen, die in alle Richtungen eilten, und die Schaufenster der Geschäfte funkelten mit verführerischen Auslagen. Anna war fasziniert von der Vielfalt und dem Reichtum, der sie umgab. Die Stadt bot alles, was man sich nur wünschen konnte: von den neuesten Modetrends und technischen Gadgets bis hin zu kulinarischen Köstlichkeiten aus aller Welt. Die Fülle der Möglichkeiten war verlockend, aber Anna spürte, dass sie auch eine Gefahr für ihre neu gewonnene innere Balance darstellte.

Während sie durch die Straßen schlenderte, wurde Anna von den vielen Angeboten und Verlockungen überwältigt. Die Geschäfte waren gefüllt mit den neuesten Modetrends, technischen Gadgets und kulinarischen Köstlichkeiten aus aller Welt. Die Farben, Geräusche und Gerüche waren intensiv und überwältigend, und Anna fühlte sich von der Fülle der Möglichkeiten angezogen. Gleichzeitig fragte sie sich, ob sie den Prinzipien der Genügsamkeit, die sie gelernt hatte, treu bleiben konnte. Der Überfluss war verlockend, aber Anna spürte, dass er auch eine Gefahr für ihre neu gewonnene innere Balance darstellte.

Anna begann, sich mit inneren Kämpfen und moralischen Fragen auseinanderzusetzen. Sie fragte sich, ob der Wunsch nach mehr wirklich zu einem erfüllteren Leben führte oder ob es nur eine Illusion war, die sie von den wirklich wichtigen Dingen im Leben ablenkte. Die Stadt bot unzählige Möglichkeiten, sich zu verlieren – in Konsum, in Ablenkungen, in der Jagd nach dem Neuesten und Besten. Anna erkannte, dass sie entscheiden musste, was für sie wirklich von Bedeutung war.

In Gesprächen mit ihren Freunden diskutierte Anna über die Herausforderungen, die der Überfluss mit sich brachte. Einige ihrer Freunde waren begeistert von den Möglichkeiten der Stadt und sahen in ihr eine Chance, ihre Träume zu verwirklichen. Sie waren fasziniert von der Energie und Dynamik, die die Stadt ausstrahlte, und wollten die Chancen nutzen, die sich ihnen boten. Andere, wie Anna, waren skeptischer und fragten sich, ob der Preis, den man für diesen Lebensstil zahlte, nicht zu hoch war. Die Diskussionen halfen Anna, ihre eigenen Werte zu hinterfragen und zu klären, was sie wirklich wollte.

Eines Abends, als Anna durch einen belebten Markt schlenderte, traf sie auf einen alten Bekannten – Elias, den Einsiedler, den sie in den Bergen kennengelernt hatte. Er war in die Stadt gekommen, um einige Besorgungen zu machen, und freute sich, Anna wiederzusehen. Sie setzten sich in ein kleines Café, das in einer ruhigen Seitenstraße lag, und sprachen über ihre Erfahrungen und die Herausforderungen, die der Überfluss mit sich brachte.

Elias erzählte Anna von seiner eigenen Reise und den Versuchungen, denen er begegnet war. Er sprach von der Wichtigkeit, sich selbst treu zu bleiben und die eigenen Werte nicht aus den Augen zu verlieren. Seine Worte erinnerten Anna daran, dass wahre Erfüllung nicht im Besitz von Dingen lag, sondern in der Fähigkeit, das Leben mit Achtsamkeit und Dankbarkeit zu leben. Elias erklärte, dass es leicht sei, sich in der Hektik und dem Überfluss der Stadt zu verlieren, und dass es wichtig sei, sich regelmäßig zu besinnen und sich an das zu erinnern, was wirklich zählt.

Nach ihrem Gespräch mit Elias fühlte sich Anna gestärkt und klarer in ihren Überzeugungen. Sie wusste, dass sie den Verlockungen des Überflusses widerstehen und den Weg der Genügsamkeit weitergehen wollte. Die Stadt hatte ihr gezeigt, dass es leicht war, sich in der Fülle zu verlieren, doch Anna war entschlossen, sich auf das Wesentliche zu konzentrieren. Sie erkannte, dass sie die Freiheit hatte, ihre eigenen Entscheidungen zu treffen und ihren eigenen Weg zu gehen, unabhängig von den Erwartungen und dem Druck der Gesellschaft.

Mit neuer Entschlossenheit verließ Anna die Stadt und setzte ihre Reise fort. Sie wusste, dass die Versuchung des Überflusses immer präsent sein würde, doch sie war bereit, den Herausforderungen mit einem offenen Herzen und einem klaren Geist zu begegnen. Die Lektionen, die sie auf ihrer Reise gelernt hatte, würden sie weiterhin begleiten und ihr helfen, die richtigen Entscheidungen zu treffen.

Die Welt war voller Möglichkeiten, und Anna war bereit, sie mit Weisheit und Achtsamkeit zu erkunden. Sie hatte gelernt, dass wahre Fülle nicht im Überfluss lag, sondern in der Fähigkeit, das Leben in seiner Einfachheit und Schönheit zu schätzen. Mit diesem Wissen setzte sie ihren Weg fort, bereit für die Abenteuer und Lektionen, die noch vor ihr lagen. Anna wusste, dass sie die Kraft hatte, ihren eigenen Weg zu gehen und die Versuchungen des Überflusses zu meistern, indem sie sich auf das konzentrierte, was wirklich wichtig war.

Rückkehr zur Einfachheit

Nach ihrer aufwühlenden Erfahrung in der Stadt und der Konfrontation mit dem Überfluss, der sie umgab, fühlte sich Anna erleichtert, als sie die geschäftigen Straßen hinter sich ließ. Die Geräusche der Stadt verblassten allmählich, und die Luft wurde klarer und frischer, je weiter sie sich entfernte. Anna spürte, dass sie auf dem richtigen Weg war, zurück zur Einfachheit und zu den Werten, die sie während ihrer Reise gelernt hatte.

Während sie durch die ländliche Landschaft wanderte, reflektierte Anna über die Lektionen, die sie auf ihrer Reise gelernt hatte. Sie erinnerte sich an die Weisheit von Maria und Jakob, dem älteren Ehepaar, das ihr gezeigt hatte, wie erfüllend ein einfaches Leben sein konnte. Die Genügsamkeit, die sie in den Dörfern erlebt hatte, war nicht nur ein Mangel an Überfluss, sondern eine bewusste Entscheidung, das Leben mit Achtsamkeit und Dankbarkeit zu führen. Anna begann zu verstehen, dass Genügsamkeit nicht Verzicht bedeutete, sondern eine tiefere Wertschätzung für das, was wirklich wichtig war.

Die Begegnung mit Elias in der Stadt hatte sie weiter darin bestärkt, dass wahre Erfüllung nicht im Besitz von Dingen lag, sondern in der Fähigkeit, die Schönheit und Einfachheit des Lebens zu genießen. Anna erkannte, dass sie die Freiheit hatte, ihren eigenen Weg zu wählen und sich von den Erwartungen der Gesellschaft zu lösen, die oft auf Konsum und Überfluss basierten.

Mit diesen Erkenntnissen im Herzen begann Anna, weitere konkrete Schritte zur Veränderung zu unternehmen. Sie entschied sich, bewusster zu leben und sich auf das Wesentliche zu konzentrieren. Anna begann, ihre Besitztümer zu überdenken und sich von Dingen zu trennen, die sie nicht wirklich brauchte. Sie fand Freude daran, mit weniger auszukommen und die Freiheit zu genießen, die mit einem einfacheren Lebensstil einherging.

Auf ihrer Reise traf Anna auf eine kleine Gemeinschaft von Menschen, die sich ebenfalls der Einfachheit verschrieben hatten. Diese Gemeinschaft lebte in Harmonie mit der Natur, baute ihre eigenen Lebensmittel an und teilte Ressourcen miteinander. Anna fühlte sich sofort zu dieser Gruppe hingezogen und beschloss, eine Weile bei ihnen zu bleiben, um von ihrem Lebensstil zu lernen.

Die Tage in der Gemeinschaft waren geprägt von gemeinschaftlicher Arbeit, dem Austausch von Wissen und der Pflege von Beziehungen. Anna half im Garten, lernte, wie man nachhaltig lebt, und nahm an den abendlichen Zusammenkünften teil, bei denen Geschichten erzählt und Erfahrungen geteilt wurden. Sie spürte eine tiefe Verbundenheit mit den Menschen um sie herum und eine Zufriedenheit, die sie lange nicht mehr gefühlt hatte.

Während ihrer Zeit in der Gemeinschaft erlebte Anna eine innere Transformation. Sie begann, die Welt mit neuen Augen zu sehen und die kleinen Freuden des Lebens zu schätzen. Die Einfachheit des Alltags erlaubte es ihr, sich auf das Hier und Jetzt zu konzentrieren und die Schönheit der Natur und der menschlichen Beziehungen zu genießen. Anna erkannte, dass sie auf ihrer Reise nicht nur die äußere Welt, sondern auch sich selbst entdeckt hatte.

Mit jedem Tag, den sie in der Gemeinschaft verbrachte, wuchs Annas Entschlossenheit, den Weg der Genügsamkeit weiterzugehen. Sie wusste, dass sie die Lektionen, die sie gelernt hatte, in ihr zukünftiges Leben integrieren wollte. Die Rückkehr zur Einfachheit hatte ihr gezeigt, dass wahre Fülle nicht im Überfluss, sondern in der Fähigkeit lag, das Leben in seiner ganzen Pracht zu schätzen.

Als die Zeit gekommen war, die Gemeinschaft zu verlassen und ihre Reise fortzusetzen, fühlte sich Anna bereit für die Herausforderungen, die vor ihr lagen. Sie wusste, dass sie die Kraft hatte, ihren eigenen Weg zu gehen und die Versuchungen des Überflusses zu meistern, indem sie sich auf das konzentrierte, was wirklich wichtig war.

Mit einem klaren Geist und einem offenen Herzen setzte Anna ihren eigenen Weg weiter fort, bereit für die Abenteuer und Lektionen, die noch vor ihr lagen. Die Rückkehr zur Einfachheit hatte ihr gezeigt, dass das Leben voller Wunder und Chancen war, die nur darauf warteten, von ihr entdeckt zu werden.

Die Kunst des Gleichgewichts

Nach ihrer intensiven Reise durch die Stadt des Überflusses und der darauffolgenden Rückkehr zur Einfachheit in der ländlichen Gemeinschaft, spürte Anna, dass sie an einem Scheideweg stand. Die Erfahrungen, die sie gesammelt hatte, führten sie zu einer neuen Einsicht: Die wahre Herausforderung bestand darin, ein Gleichgewicht zwischen Genügsamkeit und Fülle zu finden. Sie erkannte, dass weder der völlige Verzicht noch der ungebremste Konsum sie zu einem erfüllten Leben führen würden. Stattdessen musste sie einen Mittelweg finden, der beides miteinander in Einklang brachte.

Anna begann ihre Suche nach einem Mittelweg, indem sie ihre bisherigen Erfahrungen reflektierte. Sie dachte an die beschaulichen Dörfer, in denen sie die Bedeutung von Genügsamkeit gelernt hatte, und an die Stadt, die ihr die Verlockungen des Überflusses vor Augen geführt hatte. In den Dörfern hatte sie gelernt, im Einklang mit der Natur zu leben, die kleinen Freuden des Alltags zu schätzen und eine tiefe Zufriedenheit in der Einfachheit zu finden. Die Stadt hingegen hatte ihr die Möglichkeiten und Chancen einer modernen Welt offenbart, die von Innovation und Vielfalt geprägt war. Doch sie hatte auch die Schattenseiten des Konsums und der Hektik erlebt.

In der ländlichen Gemeinschaft, in der sie zuletzt gelebt hatte, fand Anna Inspiration für ihre neuen Lebensprinzipien. Die Menschen dort lebten in Harmonie mit der Natur und pflegten einen nachhaltigen Lebensstil, der sowohl Einfachheit als auch gelegentliche Fülle umfasste. Sie sah, wie die Gemeinschaft es schaffte, Ressourcen zu teilen und gleichzeitig individuelle Bedürfnisse zu respektieren. Dies war der Schlüssel zu einem ausgewogenen Leben, das Anna anstrebte. Sie erkannte, dass es möglich war, die Vorteile beider Welten zu vereinen, ohne sich in Extremen zu verlieren.

Anna begann, neue Lebensprinzipien zu entwickeln, die auf dem Konzept des Gleichgewichts basierten. Sie entschied sich, bewusster mit ihren Ressourcen umzugehen und sich auf das Wesentliche zu konzentrieren, ohne sich den Freuden und Möglichkeiten des Lebens zu verschließen. Sie wollte die Fülle der Welt genießen, ohne sich in ihr zu verlieren. Dazu gehörte auch, sich selbst und ihre Bedürfnisse besser zu verstehen und zu akzeptieren.

Ein wichtiger Aspekt ihrer neuen Lebensweise war die bewusste Entscheidung, welche Dinge und Aktivitäten in ihrem Leben Platz finden sollten. Anna begann, ihre Besitztümer zu überdenken und sich von weiterem unnötigem Ballast zu befreien. Sie fand Freude daran, mit weniger auszukommen und die Freiheit zu genießen, die mit einem einfacheren Lebensstil einherging. Gleichzeitig erlaubte sie sich, gelegentlich kleine Freuden zu genießen, die ihr Leben bereicherten, ohne es zu überladen. Sie lernte, dass es in Ordnung war, sich ab und zu etwas zu gönnen, solange es bewusst und mit Maß geschah.

Anna erkannte auch die Bedeutung von Gemeinschaft und Beziehungen in ihrem Leben. Sie wollte die Verbindungen zu den Menschen um sie herum stärken und sich aktiv in Gemeinschaften einbringen, die ihre Werte teilten. Die Erfahrungen in der ländlichen Gemeinschaft hatten ihr gezeigt, dass wahre Erfüllung oft in der Zusammenarbeit und im Teilen mit anderen lag. Sie beschloss, diese Prinzipien in ihr tägliches Leben zu integrieren und sich für eine nachhaltige und gerechte Welt einzusetzen. Anna begann, sich in Projekten zu engagieren, die sich für Umweltschutz und soziale Gerechtigkeit einsetzten, und fand darin eine neue Quelle der Erfüllung.

Mit diesen neuen Lebensprinzipien im Herzen setzte Anna ihre Reise fort. Sie wusste, dass der Weg des Gleichgewichts nicht immer einfach sein würde, aber sie war entschlossen, ihn mit einem offenen Herzen und einem klaren Geist zu gehen. Die Lektionen, die sie auf ihrer Reise gelernt hatte, würden sie weiterhin begleiten und ihr helfen, die richtigen Entscheidungen zu treffen. Anna hatte gelernt, dass die Kunst des Gleichgewichts darin bestand, sowohl die Genügsamkeit als auch die Fülle des Lebens zu schätzen und sie in Einklang zu bringen.

Sie wusste, dass sie die Freiheit hatte, ihren eigenen Weg zu wählen und sich von den Erwartungen der Gesellschaft zu lösen. Mit diesem

Wissen und der Entschlossenheit, ein erfülltes und ausgewogenes Leben zu führen, setzte Anna ihren Weg fort, bereit für die Abenteuer und Lektionen, die noch vor ihr lagen. Sie war sich bewusst, dass das Leben eine ständige Balance zwischen Geben und Nehmen, zwischen Einfachheit und Fülle war, und sie war bereit, diese Balance zu meistern.

Anna fühlte sich gestärkt und inspiriert, die Welt mit neuen Augen zu sehen und die Möglichkeiten zu nutzen, die sich ihr boten. Sie wusste, dass sie die Fähigkeit hatte, ihr Leben nach ihren eigenen Vorstellungen zu gestalten und dabei die Werte zu bewahren, die sie auf ihrer Reise entdeckt hatte. Mit einem Lächeln auf den Lippen und einem Gefühl der Zuversicht im Herzen setzte sie ihren Weg fort, bereit für die Herausforderungen und Freuden, die das Leben für sie bereithielt.

Prüfungen und Herausforderungen

Anna setzte ihren Weg fort, erfüllt von den neuen Lebensprinzipien, die sie entwickelt hatte, und dem Streben nach einem Gleichgewicht zwischen Genügsamkeit und Fülle. Doch wie es oft im Leben der Fall ist, standen ihr unerwartete Hindernisse und Prüfungen bevor, die ihre Entschlossenheit auf die Probe stellen sollten.

Die ersten Tage ihrer Weiterreise waren von einer friedlichen Routine geprägt. Anna genoss die Einfachheit des Reisens, das Gehen durch die Landschaften und die Begegnungen mit Menschen, die sie auf ihrem Weg traf. Doch bald änderte sich das Wetter, und ein unerwarteter Sturm zog auf. Die heftigen Winde und der strömende Regen machten das Vorankommen schwierig. Anna fand sich in einer Situation wieder, in der sie Schutz suchen musste, und das in einer Region, die ihr fremd war. Der Sturm zwang Anna, in einem kleinen, abgelegenen Dorf Zuflucht zu suchen. Die Dorfbewohner, die sie freundlich aufnahmen, erzählten von den Herausforderungen, die sie selbst durch den unberechenbaren Wetterwechsel erlebten. Die Felder, auf die sie angewiesen waren, waren überschwemmt, und die Ernte war in Gefahr. Anna sah, wie die Gemeinschaft zusammenkam, um sich gegenseitig zu unterstützen, und sie erkannte, dass auch sie Teil dieser Gemeinschaft werden konnte, indem sie half, wo sie konnte.

Während sie im Dorf blieb, beteiligte sich Anna an den gemeinsamen Anstrengungen, die Schäden zu beheben. Sie half beim Bau von Schutzwällen gegen das Wasser und bei der Rettung der Ernte, soweit es möglich war. Diese Prüfungen stellten nicht nur ihre körperliche Stärke auf die Probe, sondern auch ihre Fähigkeit, in Krisensituationen ruhig und besonnen zu bleiben.

Anna lernte, dass wahres Wachstum oft in Zeiten der Herausforderung stattfindet, wenn man gezwungen ist, über sich hinauszuwachsen und neue Fähigkeiten zu entwickeln.

Die Zeit im Dorf war auch eine Gelegenheit für Anna, ihre eigenen Grenzen und Ängste zu konfrontieren. Sie erkannte, dass sie in der Vergangenheit oft versucht hatte, Schwierigkeiten zu vermeiden, anstatt sich ihnen zu stellen. Doch die Unterstützung und der Zusammenhalt der Dorfbewohner gaben ihr die Kraft, sich den Herausforderungen zu stellen und daran zu wachsen. Sie verstand, dass Prüfungen nicht nur Hindernisse waren, sondern auch Chancen, sich weiterzuentwickeln und zu transformieren.

Als der Sturm schließlich nachließ und die Sonne wieder durch die Wolken brach, war das Dorf verändert, aber nicht gebrochen. Die Dorfbewohner hatten gemeinsam die Herausforderungen gemeistert, und Anna fühlte sich gestärkt durch die Erfahrungen, die sie gemacht hatte. Sie hatte nicht nur neue Freundschaften geschlossen, sondern auch eine tiefere Verbindung zu sich selbst gefunden.

Mit neuem Mut und einer gestärkten Entschlossenheit setzte Anna ihre Reise fort. Sie wusste, dass das Leben weiterhin Prüfungen und Herausforderungen bereithalten würde, aber sie war bereit, ihnen mit einem offenen Herzen und einem klaren Geist zu begegnen. Die Lektionen, die sie im Dorf gelernt hatte, würden sie weiterhin begleiten und ihr helfen, die richtigen Entscheidungen zu treffen.

Anna hatte gelernt, dass das Streben nach Gleichgewicht nicht bedeutete, dass das Leben immer einfach oder vorhersehbar sein würde. Vielmehr erkannte sie, dass wahres Gleichgewicht darin bestand, flexibel zu bleiben und sich den Herausforderungen des Lebens anzupassen, während man gleichzeitig an seinen Werten und Zielen festhielt. Mit diesem Verständnis setzte sie ihren Weg fort, bereit für die Abenteuer und Lektionen, die noch vor ihr lagen.

Die innere Fülle entdecken

Nachdem Anna die Prüfungen und Herausforderungen im kleinen Dorf gemeistert hatte, setzte sie ihre Reise mit einem Gefühl der Erneuerung fort. Die Erfahrungen, die sie dort gesammelt hatte, hatten sie nicht nur körperlich, sondern auch emotional gestärkt. Sie hatte gelernt, dass wahres Wachstum oft aus den schwierigsten Situationen hervorgeht und dass die Unterstützung einer Gemeinschaft von unschätzbarem Wert ist.

Während sie durch die sich verändernde Landschaft wanderte, spürte Anna eine neue Ruhe in sich. Die Wälder, durch die sie ging, schienen lebendiger, die Luft klarer, und die Geräusche der Natur erfüllten sie mit einem tiefen Gefühl des Friedens. Es war, als ob die Welt um sie herum in Harmonie war, und diese Harmonie spiegelte sich in ihrem Inneren wider.

Anna begann, über die Reise nachzudenken, die sie unternommen hatte. Sie erinnerte sich an die Momente der Zweifel und Unsicherheit, die sie zu Beginn begleitet hatten, und an die Lektionen, die sie auf ihrem Weg gelernt hatte. Sie hatte die Bedeutung von Genügsamkeit entdeckt, die Versuchungen des Überflusses erkannt und die Kunst des Gleichgewichts gemeistert. Doch die wichtigste Entdeckung war die der inneren Fülle, die sie nun in sich trug.

Diese innere Fülle war nicht das Ergebnis von äußeren Besitztümern oder Erfolgen, sondern kam aus einem tiefen Verständnis und einer Akzeptanz ihrer selbst. Anna hatte gelernt, ihre eigenen Bedürfnisse und Wünsche zu erkennen und zu respektieren, ohne sich von den Erwartungen anderer leiten zu lassen. Sie hatte die Freiheit gefunden, ihren eigenen Weg zu gehen und dabei die Schönheit und Einfachheit des Lebens zu schätzen.

Während ihrer Reise hatte Anna auch die Kraft der Dankbarkeit entdeckt. Sie begann, jeden Tag mit einem Gefühl der Wertschätzung für die kleinen Dinge zu beginnen – die Wärme der Sonne auf ihrer Haut, das Lächeln eines Fremden, die Stille eines frühen Morgens. Diese

Dankbarkeit füllte ihr Herz mit Freude und half ihr, im Moment zu leben, ohne sich von Sorgen über die Zukunft oder Bedauern über die Vergangenheit belasten zu lassen.

Als Anna schließlich an einem hohen Aussichtspunkt ankam, von dem aus sie die weite Landschaft überblicken konnte, fühlte sie sich von einer tiefen Zufriedenheit erfüllt. Der Blick auf die Welt um sie herum war atemberaubend, und sie erkannte, dass ihre Reise nicht nur eine äußere, sondern vor allem eine innere gewesen war. Sie hatte die innere Fülle entdeckt, die in jedem von uns schlummert, und diesen Schatz würde sie für den Rest ihres Lebens bewahren.

Mit einem Lächeln auf den Lippen und einem Gefühl des Friedens im Herzen setzte Anna sich auf einen Felsen und ließ ihre Gedanken schweifen. Sie wusste, dass ihre Reise hier endete, aber auch, dass sie gleichzeitig der Beginn eines neuen Kapitels war. Ein Kapitel, in dem sie die Lektionen, die sie gelernt hatte, in ihr tägliches Leben integrieren würde und in dem sie weiterhin die Schönheit und Fülle des Lebens entdecken wollte.

Anna hatte die innere Fülle gefunden, die sie suchte, und mit dieser Erkenntnis war sie bereit, die Welt mit offenen Armen zu empfangen. Sie wusste, dass das Leben voller Möglichkeiten war und dass sie die Freiheit hatte, ihren eigenen Weg zu wählen. Mit einem tiefen Atemzug und einem Gefühl der Dankbarkeit für die Reise, die sie unternommen hatte, stand Anna auf und machte sich auf den Weg zurück in die Welt, bereit für alles, was kommen mochte.

Ein neues Verständnis

Nach Monaten des Reisens, Lernens und Wachsens fühlte sich Anna bereit, in ihre Heimat zurückzukehren. Die Entscheidung, nach Hause zu gehen, war nicht einfach gewesen, doch sie wusste, dass es an der Zeit war, dass neu gewonnene Wissen und die Erfahrungen, die sie gesammelt hatte, mit ihrer Gemeinschaft zu teilen. Die Rückkehr war für Anna nicht nur eine physische Heimkehr, sondern auch eine Gelegenheit, das Gleichgewicht und die innere Fülle, die sie entdeckt hatte, in ihr altes Leben zu integrieren.

Als Anna in ihr vertrautes Dorf nach Grünthal zurückkehrte, bemerkte sie sofort die Veränderungen in sich selbst. Die Straßen, die sie einst als eng und begrenzend empfunden hatte, erschienen ihr nun voller Möglichkeiten und Chancen. Die Menschen, die sie kannte, begrüßten sie mit offenen Armen, und Anna spürte eine tiefe Verbindung zu ihnen, die sie zuvor nicht gekannt hatte. Sie erkannte, dass ihre Reise sie nicht nur verändert hatte, sondern auch ihre Sicht auf die Welt und die Menschen um sie herum.

Anna begann, ihre Erfahrungen und das Wissen, das sie auf ihrer Reise gesammelt hatte, mit ihrer Gemeinschaft zu teilen. Sie erzählte von den Lektionen der Genügsamkeit, die sie in den Dörfern gelernt hatte, und von der Bedeutung des Gleichgewichts zwischen Einfachheit und Fülle. Ihre Geschichten inspirierten viele in ihrer Gemeinschaft, über ihre eigenen Lebensweisen nachzudenken und zu überlegen, wie sie bewusster und nachhaltiger leben könnten.

Ein besonderes Augenmerk legte Anna auf die Bedeutung der Gemeinschaft und der Zusammenarbeit. Sie organisierte Treffen und Workshops, in denen die Menschen zusammenkamen, um Ideen auszutauschen und Projekte zu entwickeln, die das Gemeinwohl förderten. Diese Initiativen reichten von der Schaffung gemeinschaftlicher Gärten bis hin zu Programmen, die den Austausch von Fähigkeiten und Ressourcen förderten.

Anna sah, wie die Menschen in ihrer Stadt begannen, enger zusammenzuarbeiten und sich gegenseitig zu unterstützen, und sie fühlte sich erfüllt von dem Wissen, dass sie einen positiven Einfluss auf ihre Umgebung hatte.

Anna erkannte auch die Wichtigkeit, die jungen Menschen in ihrer Gemeinschaft zu erreichen und ihnen die Werte und Lektionen zu vermitteln, die sie gelernt hatte. Sie begann, in Schulen zu sprechen und Workshops für Jugendliche anzubieten, in denen sie über die Bedeutung von Achtsamkeit, Dankbarkeit und Nachhaltigkeit sprach. Die Resonanz war überwältigend, und Anna war begeistert zu sehen, wie die junge Generation die Ideen aufgriff und begann, sie in ihrem eigenen Leben umzusetzen.

Mit der Zeit bemerkte Anna, dass ihre Bemühungen Früchte trugen. Die Gemeinschaft begann, sich zu verändern, und es entstand ein neues Bewusstsein für die Möglichkeiten, die ein Leben im Gleichgewicht bieten konnte. Die Menschen wurden offener für neue Ideen und waren bereit, Veränderungen vorzunehmen, die sowohl ihr eigenes Leben als auch das ihrer Gemeinschaft verbesserten.

Anna fühlte sich tief erfüllt von der Arbeit, die sie leistete, und von der positiven Energie, die sie in ihrem Heimatdorf spürte. Sie wusste, dass ihre Reise nicht nur eine persönliche Transformation gewesen war, sondern auch eine Gelegenheit, einen bleibenden Einfluss auf die Menschen um sie herum zu haben. Mit jedem Schritt, den sie unternahm, um ihre Gemeinschaft zu stärken und zu inspirieren, fühlte Anna die innere Fülle, die sie auf ihrer Reise entdeckt hatte, weiterwachsen.

Die Rückkehr in ihre Heimat war für Anna der Beginn eines neuen Kapitels. Sie hatte ein neues Verständnis für die Welt und ihre Rolle darin gewonnen und war bereit, dieses Wissen zu nutzen, um eine bessere Zukunft für sich selbst und ihre Gemeinschaft zu schaffen. Mit einem Gefühl der Zufriedenheit und der Vorfreude auf das, was noch kommen würde, setzte Anna ihren Weg fort, bereit, die Herausforderungen und Chancen des Lebens mit einem offenen Herzen und einem klaren Geist zu meistern.

Die Kunst genug zu sehen

In der Stille eines sonnigen Nachmittags saß Anna auf einer Bank unter ihrem Lieblingsbaum, umgeben von den vertrauten Klängen und Gerüchen ihres Heimatdorfes. Die Reise, die sie unternommen hatte, war nun zu Ende, doch die Erinnerungen und Lektionen, die sie mitgebracht hatte, blieben lebendig in ihrem Herzen. Während sie die sanfte Brise auf ihrer Haut spürte, ließ Anna ihre Gedanken schweifen und reflektierte über die außergewöhnliche Reise, die sie hinter sich hatte.

Anna erinnerte sich an die Anfänge ihrer Reise, als sie voller Zweifel und Unsicherheit aufgebrochen war, um die Welt jenseits ihrer vertrauten Umgebung zu erkunden. Die Begegnungen mit Menschen, die in Einfachheit und Genügsamkeit lebten, hatten ihre Perspektive erweitert und ihr gezeigt, dass wahre Erfüllung nicht im Besitz von Dingen lag, sondern in der Fähigkeit, das Leben mit Achtsamkeit und Dankbarkeit zu schätzen. Diese Erkenntnis hatte ihr den Weg zu einer inneren Fülle eröffnet, die sie zuvor nicht gekannt hatte.

Frau Müllers weise Worte hallen in ihrem Kopf wider: „Genügsamkeit bedeutet nicht Verzicht, sondern die Fähigkeit, das Wertvolle im Einfachen zu erkennen." Anna beginnt nach dieser Reise der Selbsterkenntnis um zu mehr begreifen, dass es in der Fülle nicht nur um die Menge der Dinge geht, sondern um die Bedeutung, die sie für einen haben.

Die Prüfungen und Herausforderungen, denen sie unterwegs begegnet war, hatten Anna gelehrt, dass Wachstum oft aus den schwierigsten Situationen hervorgeht. Sie hatte gelernt, ihre Ängste zu konfrontieren und über sich hinauszuwachsen, indem sie sich den Herausforderungen mit Mut und Entschlossenheit stellte. Diese Erfahrungen hatten sie nicht nur gestärkt, sondern auch eine tiefere Verbindung zu sich selbst geschaffen.

Anna dachte an die Menschen, die sie auf ihrer Reise getroffen hatte – an die Dorfbewohner, die ihr die Bedeutung von Gemeinschaft und Zusammenhalt gezeigt hatten, und an Elias, den Einsiedler, dessen Weisheit sie inspiriert hatte. Diese Begegnungen hatten ihr geholfen, ein neues Verständnis für die Kunst des Gleichgewichts zu entwickeln – die Fähigkeit, sowohl Genügsamkeit als auch Fülle zu schätzen und sie in Einklang zu bringen.

Während sie über ihre Reise nachdachte, erkannte Anna, dass die wichtigste Lektion, die sie gelernt hatte, die Kunst genug zu sehen war. Diese Kunst bestand darin, die Schönheit und den Wert in den einfachen Dingen des Lebens zu erkennen und sich nicht von der Jagd nach mehr blenden zu lassen. Sie hatte gelernt, dass es in Ordnung war, mit dem zufrieden zu sein, was man hatte, und dass wahre Fülle aus der inneren Zufriedenheit kam.

Mit einem Lächeln auf den Lippen blickte Anna in die Zukunft. Sie wusste, dass das Leben weiterhin Herausforderungen und Chancen bereithalten würde, doch sie fühlte sich bereit, ihnen mit einem offenen Herzen und einem klaren Geist zu begegnen. Die Reise hatte ihr gezeigt, dass sie die Freiheit hatte, ihren eigenen Weg zu wählen und dabei die Werte zu bewahren, die sie auf ihrer Reise entdeckt hatte.

Anna war entschlossen, die Kunst genug zu sehen in ihr tägliches Leben zu integrieren und die Lektionen, die sie gelernt hatte, mit anderen zu teilen. Sie wollte weiterhin ihre Gemeinschaft inspirieren und stärken, indem sie die Bedeutung von Achtsamkeit, Dankbarkeit und Nachhaltigkeit förderte.

Mit einem tiefen Gefühl der Zufriedenheit und der Vorfreude auf das, was noch kommen würde, stand Anna von der Bank auf und machte sich auf den Weg zurück in die Welt, bereit, die Wunder des Lebens mit offenen Armen zu empfangen.

EINLEITUNG

Die Bedeutung von Genügsamkeit

Genügsamkeit ist ein wertvolles Prinzip, das in vielen Kulturen und Philosophien tief verwurzelt ist. Es bedeutet, mit dem zufrieden zu sein, was man hat, und nicht ständig nach mehr zu streben. In einer Welt, die oft von Konsum und Materialismus geprägt ist, kann Genügsamkeit als Gegenpol wirken und zu einem erfüllteren und glücklicheren Leben führen. Sie hilft, den Fokus auf das Wesentliche zu richten und die kleinen Freuden des Alltags zu schätzen. Durch Genügsamkeit können wir Stress reduzieren, unsere mentale Gesundheit fördern und mehr Zeit für die wirklich wichtigen Dinge im Leben finden. Es ist eine Einladung, innezuhalten, Dankbarkeit zu empfinden und das Leben in seiner Einfachheit zu genießen.

Fülle im Alltag entdecken

Die Fülle im Alltag zu entdecken bedeutet, die kleinen und oft übersehenen Momente des Lebens zu schätzen. Es geht darum, die Schönheit und den Reichtum in den einfachen Dingen zu erkennen, sei es ein freundliches Lächeln, ein gutes Gespräch oder ein Spaziergang in der Natur. In einer hektischen Welt, in der wir oft nach dem nächsten großen Ziel streben, kann das Bewusstsein für die alltäglichen Freuden eine Quelle tiefer Zufriedenheit und Glück sein. Indem wir lernen, die Fülle im Hier und Jetzt zu sehen, können wir unser Leben bewusster und erfüllter gestalten. Es ist eine Einladung, innezuhalten, die Augen zu öffnen und die Wunder des Alltags zu genießen.

Ziel und Struktur des Buches

Dieses Buch hat das Ziel, die Leserinnen und Leser auf eine Reise zur Entdeckung der Genügsamkeit mitzunehmen. Es soll inspirieren und praktische Anleitungen geben, wie man Genügsamkeit im Alltag leben kann. Das Buch ist in mehrere Kapitel unterteilt, die jeweils verschiedene Aspekte der Genügsamkeit beleuchten.

Zu Beginn wird die theoretische Grundlage gelegt, indem die philosophischen und kulturellen Wurzeln der Genügsamkeit erläutert werden. Anschließend folgen praktische Tipps und Übungen, die helfen sollen, Genügsamkeit im eigenen Leben zu integrieren. Fallbeispiele und persönliche Geschichten veranschaulichen, wie Genügsamkeit das Leben bereichern kann. Abschließend bietet das Buch Reflexionsfragen und Anregungen, um die eigene Reise zur Genügsamkeit zu vertiefen.

Durch diese Struktur soll das Buch nicht nur Wissen vermitteln, sondern auch zur aktiven Auseinandersetzung und Umsetzung anregen. Es lädt dazu ein, die Fülle im Einfachen zu entdecken und ein bewussteres, zufriedeneres Leben zu führen.

Meine Motivation, dieses Buch zu schreiben

In einer Welt, die von ständigem Konsum und dem Streben nach immer mehr geprägt ist, habe ich mich entschieden, einen anderen Weg zu gehen. Meine Motivation, dieses Buch zu schreiben, entspringt dem tiefen Wunsch, die Vorteile eines genügsamen Lebensstils zu teilen. Ich habe erkannt, dass wahre Freiheit und Zufriedenheit nicht in materiellen Besitztümern liegen, sondern in der Fähigkeit, das Wesentliche zu schätzen und mit weniger mehr zu erreichen. Durch persönliche Erfahrungen und Beobachtungen habe ich gelernt, dass Genügsamkeit nicht nur zu einem erfüllteren Leben führt, sondern auch zu einem nachhaltigeren Umgang mit unseren Ressourcen.

Dieses Buch soll als Inspiration und Leitfaden dienen, um die Schönheit und den Reichtum eines genügsamen Lebensstils zu entdecken.

KAPITEL 1: Die Philosophie der Genügsamkeit

Die Philosophie der Genügsamkeit hat tiefe historische Wurzeln und wurde in verschiedenen Epochen und Kulturen gelebt und gelehrt. Lass uns einige bedeutende Beispiele und Persönlichkeiten betrachten, die diese Philosophie verkörperten.

Historische Wurzeln der Genügsamkeit

Antike Philosophien - Stoizismus und Epikureismus

In der Antike war der Stoizismus eine bedeutende Schule der Genügsamkeit. Gegründet von Zenon von Kition im 3. Jahrhundert vor Christus, lehrte der Stoizismus, dass das Leben in Übereinstimmung mit der Natur und der Vernunft zu innerer Ruhe führt. Die Stoiker betonten die Bedeutung der Tugend und der Weisheit als Wege zur Glückseligkeit. Mark Aurel, der römische Kaiser und Philosoph, reflektierte in seinen "Selbstbetrachtungen" über die Vergänglichkeit des Lebens und die Notwendigkeit, sich auf das Wesentliche zu konzentrieren. Ein weiteres Beispiel ist Seneca, ein römischer Philosoph und Staatsmann, der die innere Freiheit und Unabhängigkeit von äußeren Gütern betonte. Er schrieb: „Es ist nicht der Mann, der wenig hat, sondern der Mann, der mehr begehrt, der arm ist."

Epikur, der im 4. Jahrhundert vor Christus lebte, gründete eine Schule in Athen, bekannt als der "Garten des Epikur". Seine Philosophie betonte die Suche nach Lust und die Vermeidung von Schmerz als höchste Ziele des Lebens. Ein Schüler Epikurs, Metrodoros, lebte trotz schwerer Krankheit ein zufriedenes Leben, indem er sich auf einfache Freuden wie Freundschaft und philosophische Gespräche konzentrierte.

Der römische Dichter und Philosoph Lucretius, ein Anhänger des Epikureismus, betonte in seinem Werk "De rerum natura" die Bedeutung der Vernunft und der Naturwissenschaften für ein glückliches Leben.

Ein weiterer bedeutender Vertreter der Genügsamkeit war Diogenes von Sinope, ein Kyniker, der im 4. Jahrhundert vor Christus lebte. Er lehnte materielle Besitztümer ab und lebte in einer Tonne. Eine berühmte Anekdote erzählt, dass Alexander der Große Diogenes besuchte und ihm anbot, ihm jeden Wunsch zu erfüllen. Diogenes antwortete: „Geh mir aus der Sonne." Im 19. Jahrhundert schrieb der amerikanische Philosoph Henry David Thoreau sein berühmtes Werk "Walden", in dem er seine Erfahrungen beschreibt, zwei Jahre in einer einfachen Hütte in der Natur zu leben. Thoreau betonte die Bedeutung eines einfachen Lebens und die Nähe zur Natur.

Mittelalterliche Ansätze - Die Mönchsbewegung

Im Mittelalter spielte die Mönchsbewegung eine zentrale Rolle bei der Verbreitung der Idee der Genügsamkeit. Franz von Assisi, der im 12. Jahrhundert lebte, ist bekannt für seine radikale Armut und seine Liebe zur Natur. Er gründete den Franziskanerorden, der sich der Hilfe für die Armen und Kranken widmete. In seinem berühmten "Sonnengesang" lobt Franz von Assisi die Schöpfung und betont die Verbundenheit aller Lebewesen. Die Benediktiner, gegründet von Benedikt von Nursia, lebten nach der Regel "Ora et labora" (Bete und arbeite), die ein ausgewogenes Leben aus Gebet, Arbeit und Studium betonte. Das Kloster Monte Cassino wurde zu einem Zentrum der Bildung und des geistlichen Lebens. Die Zisterzienser, gegründet von Bernhard von Clairvaux, betonten Einfachheit und Selbstversorgung.

Diese historischen Beispiele zeigen, wie die Philosophie der Genügsamkeit in verschiedenen Epochen gelebt und gelehrt wurde. Sie bieten wertvolle Einsichten und Inspirationen für ein erfülltes und bewusstes Leben.

Genügsamkeit in verschiedenen Kulturen

Asiatische Weisheiten - Zen-Buddhismus und Taoismus

Der Zen-Buddhismus, eine Schule des Mahayana-Buddhismus, betont die Bedeutung der Meditation (Zazen) und Achtsamkeit, um innere

Ruhe und Erleuchtung zu erreichen. Genügsamkeit wird hier als eine Form der inneren Zufriedenheit verstanden, die durch das Loslassen von materiellen Wünschen und das Leben im gegenwärtigen Moment erreicht wird. Zen-Praktizierende streben danach, die Dualität von „Haben" und „Nicht-Haben" zu überwinden und eine tiefe Akzeptanz des gegenwärtigen Augenblicks zu entwickeln.

Ein bekanntes Beispiel ist die Geschichte von Ryokan, einem Zen-Mönch aus Japan. Ryokan lebte in einer einfachen Hütte und besaß kaum materielle Güter. Eines Nachts brach ein Dieb in seine Hütte ein, fand aber nichts von Wert. Ryokan, der den Dieb bemerkte, sagte: „Du hast einen langen Weg gemacht, um mich zu besuchen, und du solltest nicht mit leeren Händen zurückkehren. Bitte nimm meine Kleider als Geschenk." Der Dieb war verwirrt, nahm die Kleider und floh. Ryokan saß nackt da und betrachtete den Mond. „Armer Kerl," dachte er, „ich wünschte, ich könnte ihm diesen schönen Mond geben." Diese Geschichte zeigt die tiefe Genügsamkeit und das Mitgefühl, das im Zen-Buddhismus gelehrt wird.

Ein weiteres Beispiel ist die Praxis des „Samu" oder der achtsamen Arbeit. Zen-Mönche und -Nonnen widmen sich täglichen Aufgaben wie Gartenarbeit, Kochen und Putzen mit der gleichen Hingabe und Achtsamkeit wie der Meditation. Diese Praxis lehrt, dass jede Handlung, egal wie banal sie erscheinen mag, eine Gelegenheit zur spirituellen Übung und zur Kultivierung von Genügsamkeit ist.

Der Taoismus, gegründet von Laozi, lehrt das Konzept des „Dao" oder „Weges", dass die Harmonie mit der Natur und dem Universum betont. Genügsamkeit im Taoismus bedeutet, im Einklang mit dem natürlichen Fluss des Lebens zu leben und sich von übermäßigen Ambitionen und Wünschen zu befreien. Der Taoismus betont die Einfachheit, das Nicht-Handeln (Wu Wei) und das Leben im Einklang mit der Natur.

Ein klassisches Beispiel aus dem Taoismus ist die Geschichte von Zhuangzi und dem Schmetterling. Zhuangzi träumte, er sei ein Schmetterling, der fröhlich umherflog. Als er aufwachte, wusste er nicht mehr, ob er Zhuangzi war, der geträumt hatte, ein Schmetterling zu sein, oder ein Schmetterling, der träumte, Zhuangzi zu sein. Diese Geschichte illustriert die taoistische Sichtweise der relativen Natur der Realität und die Bedeutung der Akzeptanz und Genügsamkeit im gegenwärtigen Moment.

Ein weiteres Beispiel ist die Geschichte von Laozi, der auf einem Wasserbüffel reitend in die Berge zog, um in Abgeschiedenheit zu leben. Er hinterließ das „Daodejing", ein Werk, das die Prinzipien des Daoismus zusammenfasst. Laozi lehrte, dass wahre Weisheit und Genügsamkeit darin bestehen, die natürlichen Zyklen des Lebens zu akzeptieren und im Einklang mit dem Dao zu leben.

Afrikanische und indigene Traditionen

Viele afrikanische Kulturen legen großen Wert auf Gemeinschaft und gegenseitige Unterstützung. Genügsamkeit zeigt sich hier oft in der gemeinsamen Nutzung von Ressourcen und der Pflege enger sozialer Bindungen. Traditionelle afrikanische Gesellschaften betonen die Bedeutung von Harmonie, Balance und Respekt vor der Natur.

In der Maasai-Gemeinschaft in Kenia und Tansania ist Genügsamkeit ein zentraler Wert. Die Maasai leben in einer semi-nomadischen Gesellschaft, in der Viehbesitz eine wichtige Rolle spielt. Trotz der Bedeutung des Viehs teilen die Maasai ihre Ressourcen großzügig innerhalb der Gemeinschaft. Ein Maasai-Krieger könnte sein wertvollstes Rind verschenken, um einem bedürftigen Nachbarn zu helfen, was die tiefe Genügsamkeit und das Gemeinschaftsgefühl in ihrer Kultur zeigt.

Ein weiteres Beispiel ist die Praxis der „Ubuntu"-Philosophie, die in vielen afrikanischen Kulturen verbreitet ist. Ubuntu bedeutet „Ich bin, weil wir sind" und betont die gegenseitige Abhängigkeit und das Mitgefühl innerhalb der Gemeinschaft. Diese Philosophie fördert Genügsamkeit, indem sie die Bedeutung von Gemeinschaft und gegenseitiger Unterstützung hervorhebt.

Indigene Völker, wie die San und Khoi Khoi im südlichen Afrika, leben oft in enger Verbindung mit der Natur und praktizieren eine Lebensweise, die auf Nachhaltigkeit und Respekt vor der Umwelt basiert. Diese Gemeinschaften nutzen traditionelles Wissen und Praktiken, um im Einklang mit ihrer Umgebung zu leben, was eine Form der Genügsamkeit darstellt, die auf dem Verständnis der natürlichen Zyklen und Ressourcen basiert.

Die San, auch bekannt als Buschmänner, sind Jäger und Sammler, die in der Kalahari-Wüste leben. Ihre Lebensweise ist ein Beispiel für Genügsamkeit und Nachhaltigkeit. Sie nehmen nur das, was sie zum Überleben brauchen, und nutzen jede Ressource vollständig. Ein San-Jäger könnte zum Beispiel einen erlegten Antilopenkadaver vollständig verwerten, indem er das Fleisch isst, die Haut für Kleidung verwendet und die Knochen für Werkzeuge nutzt. Diese Praxis zeigt ihre tiefe Verbundenheit mit der Natur und ihre genügsame Lebensweise.

Ein weiteres Beispiel ist die Praxis der „Potlatch"-Zeremonien bei den indigenen Völkern der Nordwestküste Nordamerikas. Während dieser Zeremonien verteilen die Gastgeber großzügig Geschenke an die Gäste, um ihren Reichtum und ihre Großzügigkeit zu demonstrieren. Diese Praxis fördert Genügsamkeit, indem sie den Wert des Teilens und der Gemeinschaft betont.

Diese Fallbeispiele und kulturellen Einblicke verdeutlichen, wie Genügsamkeit in verschiedenen Kulturen gelebt und geschätzt wird. Sie zeigen, dass Genügsamkeit nicht nur eine persönliche Tugend, sondern auch ein sozialer und kultureller Wert ist, der das Leben und die Gemeinschaften bereichert.

Gemeinsamkeiten zwischen den Traditionen

Es gibt einige bemerkenswerte Gemeinsamkeiten zwischen den Traditionen des Zen-Buddhismus, Taoismus, afrikanischen und indigenen Kulturen in Bezug auf Genügsamkeit.

Eine zentrale Gemeinsamkeit ist die Harmonie mit der Natur. Im Zen-Buddhismus wird die Achtsamkeit und das Leben im gegenwärtigen Moment oft in Verbindung mit der Natur betont. Der Taoismus lehrt das Leben im Einklang mit der natürlichen Ordnung, während viele afrikanische Kulturen und indigene Völker eine nachhaltige Lebensweise praktizieren und die natürlichen Zyklen respektieren.

Eine weitere Gemeinsamkeit ist die Bedeutung von Gemeinschaft und gegenseitiger Unterstützung. Im Zen-Buddhismus fördern gemeinschaftliche Meditation und achtsame Arbeit ein Gefühl der Zusammengehörigkeit. Der Taoismus betont durch gemeinschaftliche Rituale und Feste die sozialen Bindungen. Afrikanische Traditionen wie die Ubuntu-Philosophie und indigene Zeremonien wie der Potlatch fördern den Zusammenhalt und das Teilen von Ressourcen. Einfachheit und Bescheidenheit sind ebenfalls gemeinsame Werte. Zen-Praktizierende und Taoisten streben nach einem einfachen und bescheidenen Leben, während afrikanische und indigene Kulturen Genügsamkeit durch die gemeinsame Nutzung von Ressourcen und nachhaltige Praktiken zeigen.

Schließlich spielen die spirituelle Praxis und Weisheit in allen diesen Traditionen eine zentrale Rolle. Meditation und Achtsamkeit im Zen-Buddhismus, das Studium des Dao im Taoismus, die spirituelle Führung in afrikanischen Traditionen und das traditionelle Wissen indigener Völker fördern ein tiefes Verständnis der natürlichen Welt und der menschlichen Existenz.

Diese Gemeinsamkeiten zeigen, dass Genügsamkeit ein universelles Konzept ist, das in verschiedenen Kulturen auf ähnliche Weise geschätzt und praktiziert wird. Es betont die Bedeutung von Harmonie, Gemeinschaft, Einfachheit und spiritueller Weisheit.

Moderne Ansätze und Theorien

Philosophische Sichtweisen

In der modernen Philosophie hat Albert Schweitzer die Ethik der Ehrfurcht vor dem Leben propagiert, die auch Genügsamkeit einschließt. Schweitzer betonte, dass ein einfaches Leben im Einklang mit der Natur und den Mitmenschen zu einem erfüllteren Dasein führt. Ein praktisches Beispiel hierfür ist Schweitzers eigenes Leben, das er der medizinischen Versorgung in Afrika widmete, wo er unter einfachen Bedingungen arbeitete und lebte.

Im 20. Jahrhundert war auch Mahatma Gandhi ein prominenter Vertreter der Genügsamkeit. Er lebte ein einfaches Leben und betonte die Bedeutung der Selbstversorgung und der Unabhängigkeit von materiellen Gütern. Gandhi sagte: „Die Welt hat genug für jedermanns Bedürfnisse, aber nicht für jedermanns Gier."

Papst Franziskus spricht in seiner Enzyklika "Laudato si'" über die Notwendigkeit einer Kultur der Genügsamkeit, um die Umwelt zu schützen und soziale Gerechtigkeit zu fördern. Er fordert die Menschen auf, ihren Konsum zu überdenken und sich auf das Wesentliche zu konzentrieren, um die Schöpfung zu bewahren.

Peter Singer, ein australischer Philosoph, argumentiert, dass Genügsamkeit eine moralische Pflicht ist, um Ressourcen gerechter zu verteilen und das Leiden in der Welt zu verringern. Singer selbst lebt ein relativ einfaches Leben und spendet einen großen Teil seines Einkommens an wohltätige Organisationen.

Martha Nussbaum betont die Bedeutung der Genügsamkeit im Rahmen ihres "Capabilities Approach", der darauf abzielt, jedem Menschen die Möglichkeit zu geben, ein erfülltes Leben zu führen. Sie argumentiert, dass Genügsamkeit eine Voraussetzung dafür ist, dass Menschen ihre Fähigkeiten voll entfalten können.

Psychologische Perspektiven

In der Psychologie wird Genügsamkeit oft im Zusammenhang mit Dankbarkeit und Wohlbefinden untersucht. Forschungen in der positiven Psychologie zeigen, dass dankbare Menschen oft zufriedener sind und weniger negative Emotionen wie Neid oder Ärger erleben. Martin Seligman, der Begründer der positiven Psychologie, betont, dass Genügsamkeit und Dankbarkeit zu einem höheren Wohlbefinden und Glück beitragen. Ein Beispiel aus der Forschung ist eine Studie, die zeigte, dass Menschen, die regelmäßig Dankbarkeit praktizieren, ein höheres Maß an Lebenszufriedenheit und weniger depressive Symptome aufweisen.

Studien von Psychologen wie Ed Diener und Martin Seligman haben gezeigt, dass hoher materieller Konsum nicht unbedingt zu mehr Glück führt. Stattdessen kann Genügsamkeit zu einem erfüllteren und zufriedeneren Leben beitragen. Ein Beispiel hierfür ist die Forschung von Tim Kasser, der festgestellt hat, dass Menschen, die weniger materialistisch sind und mehr Wert auf zwischenmenschliche Beziehungen und persönliche Entwicklung legen, tendenziell glücklicher und gesünder sind.

FAZIT: Genügsamkeit ist also nicht nur ein philosophisches Ideal, sondern auch ein psychologischer Schlüssel zu einem glücklicheren und gesünderen Leben. Sie ermöglicht es uns, uns auf das Wesentliche zu konzentrieren, unsere Ressourcen sinnvoll zu nutzen und ein erfülltes Leben zu führen. Welche dieser Perspektiven spricht dich am meisten an?

KAPITEL 2: Die Kunst des Minimalisums

Minimalismus ist eine Lebensphilosophie, die sich auf das Wesentliche konzentriert und Überflüssiges bewusst weglässt. Diese Bewegung hat in den letzten Jahren an Popularität gewonnen, da immer mehr Menschen nach einem einfacheren und erfüllteren Leben streben.

Die Definition des Minimalismus variiert je nach Kontext, aber im Allgemeinen geht es darum, sich von materiellen Besitztümern zu trennen, die keinen echten Wert oder Nutzen haben. Minimalismus bedeutet nicht Verzicht, sondern bewusste Entscheidungen zu treffen, die das eigene Leben bereichern und vereinfachen.

Prinzipien und Vorteile des Minimalismus

Grundlegende Prinzipien

Die Prinzipien des Minimalismus umfassen mehrere Kernideen. Das grundlegende Prinzip ist "Weniger ist mehr". Es geht darum, die Anzahl der Besitztümer zu reduzieren und sich auf die Dinge zu konzentrieren, die wirklich wichtig sind. Dies kann auf alle Lebensbereiche angewendet werden, von Kleidung und Möbeln bis hin zu digitalen Geräten und sozialen Verpflichtungen.

Ein weiteres Prinzip ist "Qualität über Quantität". Minimalisten legen Wert auf hochwertige Gegenstände, die langlebig und funktional sind, anstatt viele minderwertige Dinge zu besitzen. Dies führt oft zu einer bewussteren Kaufentscheidung und einer tieferen Wertschätzung der Dinge, die man besitzt. Minimalismus erfordert auch ein hohes Maß an Achtsamkeit und Selbstreflexion. Es geht darum, sich seiner Bedürfnisse und Wünsche bewusst zu werden und zu erkennen, was wirklich wichtig ist. Dies kann zu einem tieferen Verständnis von sich selbst und einem erfüllteren Leben führen. Durch den Verzicht auf überflüssige Konsumgüter und die Fokussierung auf langlebige, qualitativ hochwertige Produkte trägt der Minimalismus zur Reduzierung von

Abfall und zur Schonung der Umwelt bei. Dies macht Minimalismus zu einer umweltfreundlichen Lebensweise. Weniger Besitz bedeutet auch weniger Verpflichtungen und mehr Freiheit. Minimalisten berichten oft, dass sie sich freier und weniger gestresst fühlen, da sie weniger Dinge haben, um die sie sich kümmern müssen. Dies kann zu mehr Flexibilität und Spontaneität im Leben führen.

Ein Beispiel für einen minimalistischen Lebensstil ist Franziska. Sie lebt in einer kleinen, aber gemütlichen Wohnung. Ihr Wohnzimmer ist einfach eingerichtet: ein bequemes Sofa, ein kleiner Couchtisch und ein Bücherregal mit ihren Lieblingsbüchern. An den Wänden hängen nur wenige, aber bedeutungsvolle Kunstwerke. In ihrem Kleiderschrank findet man nur Kleidung, die sie regelmäßig trägt und die gut miteinander kombinierbar ist. Sie hat sich von Kleidungsstücken getrennt, die sie selten oder nie benutzt hat. Statt viele billige Kleidungsstücke zu kaufen, investiert sie in hochwertige, zeitlose Stücke, die lange halten. Franziska achtet auch auf ihre digitalen Besitztümer. Ihr Laptop und ihr Smartphone sind aufgeräumt, und sie hat nur die Apps und Dateien, die sie wirklich benötigt. Sie hat sich von unnötigen Abonnements und Benachrichtigungen befreit, um ihre digitale Welt übersichtlich und stressfrei zu halten. In ihrer Küche hat Franziska nur die grundlegenden Utensilien und Geräte, die sie regelmäßig benutzt. Sie vermeidet es, unnötige Küchengeräte zu kaufen, die nur Platz wegnehmen würden. Ihre Speisekammer ist gut organisiert, und sie kauft nur die Lebensmittel, die sie wirklich braucht, um Verschwendung zu vermeiden. Franziska verbringt ihre Freizeit gerne draußen in der Natur, liest Bücher oder trifft sich mit Freunden. Sie hat erkannt, dass Erlebnisse und Beziehungen wichtiger sind als materielle Besitztümer. Durch ihren minimalistischen Lebensstil fühlt sie sich freier, weniger gestresst und zufriedener.

Ein weiteres Beispiel ist Matthias, der sich entschieden hat, sein Leben zu vereinfachen, nachdem er jahrelang in einem überfüllten Haus gelebt hat. Er begann damit, seine Besitztümer zu durchforsten und alles zu spenden oder zu verkaufen, was er nicht regelmäßig benutzte. Sein Haus ist jetzt viel aufgeräumter und er hat mehr Platz für die Dinge, die ihm wirklich wichtig sind. Matthias hat auch seine Arbeitsweise geändert. Er hat seinen Arbeitsplatz entrümpelt und nutzt jetzt nur noch die Werkzeuge und Materialien, die er wirklich braucht. Dies hat ihm geholfen, produktiver und fokussierter zu arbeiten. In seiner Freizeit genießt Matthias einfache Aktivitäten wie Wandern, Radfahren und Kochen. Er hat festgestellt, dass er durch den Verzicht auf unnötige Besitztümer mehr Zeit und Energie für die Dinge hat, die ihm wirklich Freude bereiten.

Psychologische Vorteile

Minimalismus bietet sowohl psychologische als auch physische Vorteile. Psychologisch gesehen kann ein minimalistischer Lebensstil helfen, Stress zu reduzieren. Weniger Besitztümer bedeuten weniger Dinge, um die man sich kümmern muss, was zu einem ruhigeren und entspannteren Geist führt. Ein aufgeräumtes und übersichtliches Umfeld kann zudem die mentale Klarheit fördern. Durch die Reduktion von Ablenkungen können Minimalisten ihre Aufmerksamkeit besser auf die wichtigen Aufgaben und Ziele konzentrieren. Dies kann zu einer gesteigerten Produktivität und einem größeren Gefühl der Erfüllung führen.

Minimalismus fördert auch die Wertschätzung für das, was man hat. Anstatt ständig nach mehr zu streben, lernen Minimalisten, mit dem zufrieden zu sein, was sie besitzen. Dies kann zu einem tieferen Gefühl der Zufriedenheit und des Glücks führen. Ein minimalistischer Lebensstil kann auch helfen, Angstzustände und Depressionen zu lindern. Weniger Besitz und Verpflichtungen können zu einem Gefühl der Freiheit und Leichtigkeit beitragen, was sich positiv auf die mentale Gesundheit auswirkt.

Physische und materielle Vorteile

Physisch gesehen entsteht durch das Reduzieren von Besitztümern mehr Platz. Dies kann zu einem aufgeräumteren und angenehmeren Wohnumfeld führen. Ein minimalistisches Zuhause ist oft leichter zu reinigen und zu pflegen. Weniger Konsum bedeutet auch weniger

Ausgaben. Minimalisten geben ihr Geld bewusster aus und investieren in qualitativ hochwertige Produkte, die länger halten. Dies kann zu erheblichen finanziellen Ersparnissen führen. Minimalismus trägt auch zur Reduzierung von Abfall und zur Schonung der Ressourcen bei. Durch den bewussten Verzicht auf unnötige Konsumgüter und die Fokussierung auf langlebige Produkte wird die Umwelt weniger belastet.

Ein minimalistischer Lebensstil kann auch zu einer besseren physischen Gesundheit beitragen. Weniger Besitz bedeutet weniger Unordnung und Staub, was zu einer saubereren und gesünderen Wohnumgebung führt. Zudem fördert Minimalismus oft einen aktiveren Lebensstil, da Minimalisten mehr Wert auf Erlebnisse und Aktivitäten legen als auf materielle Besitztümer.

Minimalismus ist mehr als nur eine ästhetische Entscheidung; es ist eine Lebensweise, die tiefgreifende Auswirkungen auf das Wohlbefinden und die Lebensqualität haben kann. Indem man sich auf das Wesentliche konzentriert und Überflüssiges loslässt, kann man ein erfüllteres, bewussteres und nachhaltigeres Leben führen.

Tipps für ein minimalistisches Leben

Entrümpeln und Organisieren

Minimalismus kann dein Leben wirklich vereinfachen und dir mehr Freiheit und Klarheit verschaffen. Ein guter Anfang ist das Entrümpeln und Organisieren deines Zuhauses. Setze dir klare Ziele, wie zum Beispiel mehr Platz im Wohnzimmer zu schaffen oder die Küche übersichtlicher zu gestalten. Plane deine Entrümpelungsaktion sorgfältig und gehe Raum für Raum vor. Entscheide bei jedem Gegenstand, ob du ihn wirklich brauchst. Sortiere systematisch aus und nutze Kategorien wie „Behalten", „Spenden" und „Wegwerfen".

Annika hat zum Beispiel beschlossen, ihr Schlafzimmer zu entrümpeln. Sie hat alle Kleidungsstücke, die sie seit einem Jahr nicht mehr getragen hat, gespendet und nur die Teile behalten, die sie wirklich liebt und regelmäßig trägt. Dadurch hat sie nicht nur mehr Platz im

Kleiderschrank, sondern auch ein Gefühl der Leichtigkeit gewonnen. Annika hat auch ihre Bücherregale durchgesehen und Bücher, die sie nicht mehr lesen möchte, an eine lokale Bibliothek gespendet. Jetzt hat sie mehr Platz für die Bücher, die ihr wirklich wichtig sind.

Bewusster Konsum

Ein weiterer wichtiger Aspekt des Minimalismus ist der bewusste Konsum. Frage dich vor jedem Kauf, ob du den Gegenstand wirklich benötigst. Diese einfache Frage kann helfen, unnötige Anschaffungen zu vermeiden.

- Setze auf **Qualität statt Quantität** und investiere in langlebige und hochwertige Produkte.

  Beispiel: Max hat sich entschieden, weniger Elektronikgeräte zu kaufen und stattdessen in ein hochwertiges Smartphone zu investieren, das er mehrere Jahre nutzen kann. Dadurch spart er nicht nur Geld, sondern reduziert auch den Elektroschrott. Max hat auch seine Garderobe überdacht und sich für zeitlose, gut verarbeitete Kleidungsstücke entschieden, die länger halten und nicht so schnell aus der Mode kommen.

- **Teilen und Ausleihen** sind ebenfalls großartige Möglichkeiten, um Ressourcen zu schonen und Geld zu sparen. Nutze Sharing-Plattformen oder tausche Dinge mit Freunden und Nachbarn.

  Beispiel: Katharina und ihre Nachbarn haben eine Gemeinschaft gegründet, in der sie Werkzeuge und Haushaltsgeräte teilen. So muss nicht jeder alles selbst kaufen, und sie können sich gegenseitig helfen. Katharina hat zum Beispiel einen Rasenmäher, den sie mit ihren Nachbarn teilt, während sie sich von ihnen eine Bohrmaschine ausleiht, wenn sie sie braucht. Diese Gemeinschaft hat nicht nur Geld gespart, sondern auch die Nachbarschaft enger zusammengebracht.

- **Reparieren statt Wegwerfen** ist ein weiterer wichtiger Schritt. Versuche, kaputte Gegenstände zu reparieren, anstatt sie sofort zu ersetzen. Das schont die Umwelt und deinen Geldbeutel.

  Beispiel: Emil hat gelernt, wie man einfache Reparaturen an seinen Möbeln und Geräten selbst durchführt. Dadurch hat er nicht nur

Geld gespart, sondern auch ein neues Hobby gefunden. Emil hat zum Beispiel seinen alten Stuhl repariert, anstatt einen neuen zu kaufen. Er hat auch gelernt, wie man kleine Elektrogeräte repariert, was ihm geholfen hat, seine Kaffeemaschine und seinen Toaster wieder in Betrieb zu nehmen.

- Achte beim Einkaufen auf **ökologische und faire Kriterien**. Bevorzuge regionale und umweltfreundliche Produkte.
  Beispiel: Alina kauft ihre Lebensmittel hauptsächlich auf dem Wochenmarkt und achtet darauf, saisonale und regionale Produkte zu wählen. Dadurch unterstützt sie lokale Bauern und reduziert ihren ökologischen Fußabdruck. Sarah hat auch begonnen, ihre eigenen Reinigungsmittel herzustellen, um Plastikmüll zu reduzieren und chemische Inhaltsstoffe zu vermeiden.

Weitere Tipps

Hier sind noch einige weitere Tipps, die dir helfen können, ein minimalistisches Leben zu führen:

- Ein guter Ansatz ist es, nicht dem Perfekten hinterherzujagen, sondern das für dich Optimale zu finden. Eine einmonatige **Konsumdiät** kann dir zum Beispiel helfen, bewusster mit deinem Konsum umzugehen. In dieser Zeit kaufst du nur wirklich lebensnotwendige Dinge wie Nahrungsmittel.
  Beispiel: Julia hat beschlossen, einen Monat lang keine neuen Kleidungsstücke zu kaufen und stattdessen ihre vorhandene Garderobe mehr zu nutzen. Sie hat festgestellt, dass sie viele Outfits kombinieren kann, ohne etwas Neues zu kaufen, und hat dadurch Geld gespart und ihren Kleiderschrank entrümpelt.
- Ein weiterer Tipp ist, **gleiche Dinge am gleichen Ort** aufzubewahren. Das hilft dir, den Überblick zu behalten und unnötige Käufe zu vermeiden.
  Beispiel: Markus hat alle seine Werkzeuge in einem Werkzeugkasten organisiert und seine Kontoauszüge in einem Bankordner abgelegt. Dadurch findet er alles schneller und vermeidet doppelte Anschaffungen.

- Das **Ein-Aus-Prinzip** ist ebenfalls sehr effektiv. Für jeden neuen Gegenstand, der in dein Zuhause kommt, sollte ein alter Gegenstand gehen.
  Beispiel: Laura hat beschlossen, für jedes neue Kleidungsstück, das sie kauft, ein altes zu spenden. Dadurch bleibt ihr Kleiderschrank übersichtlich und sie unterstützt gleichzeitig wohltätige Organisationen.

Fallstudie und Erfolgsgeschichte

Das Erleben von Fülle und Genügsamkeit

Diese Fallstudie beleuchtet das Leben von Lina Schubert, einer Frau, die durch Genügsamkeit wahre Fülle gefunden hat.

- **Hintergrund:** Lina Schubert, eine 45-jährige Lehrerin aus Michelstadt, Hessen, entschied sich vor fünf Jahren, ihr Leben grundlegend zu verändern. Nach Jahren des Stresses und der Unzufriedenheit in ihrem hektischen Alltag beschloss sie, einen einfacheren und erfüllteren Lebensstil zu verfolgen.
- **Der Wandel:** Lina begann damit, ihre Besitztümer zu reduzieren und sich auf das Wesentliche zu konzentrieren. Sie verkaufte unnötige Gegenstände, spendete Kleidung und Möbel und entschied sich, in eine kleinere Wohnung zu ziehen. Dieser Prozess der Entrümpelung half ihr, sich von materiellen Lasten zu befreien und Raum für das zu schaffen, was ihr wirklich wichtig war.
- **Die Entdeckung der Fülle:** Durch ihre neue Lebensweise entdeckte Lina, dass wahre Fülle nicht in materiellen Dingen liegt, sondern in den Erfahrungen und Beziehungen, die das Leben bereichern. Sie begann, mehr Zeit mit ihrer Familie und Freunden zu verbringen, sich ehrenamtlich zu engagieren und neue Hobbys zu entdecken. Besonders das Gärtnern und die Natur wurden zu wichtigen Quellen der Freude und Erfüllung für sie.
- **Persönlicher Bericht:** Lina hat gelernt, dass Genügsamkeit nicht bedeutet, auf etwas zu verzichten, sondern das Wesentliche zu erkennen und zu schätzen. In einem Interview erzählt Lina: „Durch

diesen Lebensstil habe ich eine tiefe innere Zufriedenheit gefunden, die ich vorher nicht kannte. Es ist erstaunlich, wie viel Fülle man in den einfachen Dingen des Lebens finden kann."

- **Erfolg und Erkenntnisse:** Heute lebt Lina ein Leben, das von Einfachheit und Dankbarkeit geprägt ist. Sie hat nicht nur ihre Lebensqualität verbessert, sondern auch ihre mentale und emotionale Gesundheit gestärkt. Ihre Geschichte inspiriert viele Menschen in ihrer Umgebung, ebenfalls einen genügsameren Lebensstil zu erkunden.
- **Schlussfolgerung:** Die Fallstudie von Lina Schubert zeigt, dass Genügsamkeit und Fülle Hand in Hand gehen können. Indem man sich auf das Wesentliche konzentriert und die einfachen Freuden des Lebens schätzt, kann man eine tiefe und nachhaltige Erfüllung finden.

Der Minimalist und sein Haus

Diese besondere Erfolgsgeschichte wird dich zum Nachdenken bringen. Es war einmal ein Mann namens Max, der beschloss, ein minimalistisches Leben zu führen. Er verkaufte fast alles, was er besaß, und behielt nur das Nötigste: ein Bett, einen Tisch, einen Stuhl und eine Tasse. Max war stolz auf seine neue Lebensweise und erzählte jedem, der es hören wollte, wie befreit er sich fühlte.

Eines Tages kam sein Freund Tom zu Besuch. Tom war das genaue Gegenteil von Max und liebte es, Dinge zu sammeln. Als er Max' leeres Haus betrat, konnte er seine Überraschung nicht verbergen.

"Wo sind all deine Sachen?" fragte Tom.

"Ich brauche sie nicht", antwortete Max selbstbewusst. "Ich habe alles, was ich brauche."

Tom setzte sich auf den einzigen Stuhl und sah sich um. "Und was ist, wenn du Gäste hast?"

Max zuckte mit den Schultern. "Dann müssen sie eben stehen."

Tom lachte. "Und was ist, wenn du mehr als eine Tasse brauchst?"

Max grinste. "Dann trinken wir abwechselnd."

Tom schüttelte den Kopf. "Du bist wirklich ein Minimalist."

Ein paar Wochen später lud Max Tom erneut ein. Als Tom ankam, war er überrascht, dass Max' Haus nun völlig leer war – sogar das Bett, der Tisch, der Stuhl und die Tasse waren weg.

"Was ist passiert?" fragte Tom.

Max lächelte. "Ich habe erkannt, dass ich auch diese Dinge nicht wirklich brauche. Jetzt schlafe ich auf dem Boden, esse mit den Händen und trinke aus der Wasserleitung."

Tom konnte nicht anders, als zu lachen. "Du bist wirklich der extremste Minimalist, den ich kenne."

FAZIT: Minimalismus bedeutet nicht zwangsläufig, in völliger Askese zu leben, sondern vielmehr, bewusste Entscheidungen darüber zu treffen, was wirklich wichtig ist. Es geht darum, Raum für das zu schaffen, was einem wirklich Freude und Zufriedenheit bringt.

KAPITEL 3: Die Fülle der Einfachheit

Die Schönheit des Einfachen offenbart sich in vielen Facetten unseres Lebens. In einer Welt, die oft von Komplexität und Überfluss geprägt ist, kann die bewusste Entscheidung für Einfachheit eine Quelle tiefer Erfüllung und Zufriedenheit sein. Diese Ästhetik der Einfachheit findet sich in zahlreichen Bereichen, insbesondere in Kunst und Design, und zeigt, wie weniger oft mehr sein kann.

Die Schönheit des Einfachen

Ästhetik der Einfachheit

Die Ästhetik der Einfachheit betont klare Linien, reduzierte Formen und eine zurückhaltende Farbpalette. Sie zielt darauf ab, unnötige Elemente zu eliminieren und den Fokus auf das Wesentliche zu legen. Diese Herangehensweise schafft nicht nur visuelle Ruhe, sondern fördert auch eine tiefere Wertschätzung für die Details und die Qualität der Materialien. Ein herausragendes Beispiel für die Ästhetik der Einfachheit ist der Minimalismus, eine Designphilosophie, die in den 1960er Jahren populär wurde und danach strebt, alles Überflüssige zu entfernen und nur das Nötigste zu bewahren. Der Minimalismus findet sich in Architektur, Innenarchitektur, Mode und sogar in der Lebensweise wieder.

Beispiele aus Kunst und Design

Ein bemerkenswertes Beispiel für die Schönheit der Einfachheit in der Architektur ist das Farnsworth House von Ludwig Mies van der Rohe. Dieses ikonische Gebäude, das in den 1950er Jahren entworfen wurde, besteht aus klaren Glaswänden und einer einfachen Stahlstruktur. Die Transparenz und Offenheit des Designs schaffen eine harmonische Verbindung zwischen Innen- und Außenraum und betonen die natürliche Umgebung. Ein weiteres Beispiel ist das Haus von Tadao Ando, einem japanischen Architekten, der für seine minimalistischen Betonbauten bekannt ist. Sein Werk, das Church of the Light, nutzt einfaches Beton und Licht, um eine spirituelle und meditative Atmosphäre zu schaffen.

In der Innenarchitektur zeigt sich die Ästhetik der Einfachheit oft in skandinavischen Designs. Skandinavische Innenräume zeichnen sich durch helle Farben, natürliche Materialien und funktionale Möbel aus. Ein Beispiel hierfür ist das Design von Alvar Aalto, der für seine schlichten, aber eleganten Möbelstücke bekannt ist. Seine Werke, wie der berühmte Paimio-Stuhl, kombinieren Form und Funktion auf meisterhafte Weise. Auch die Arbeiten von Arne Jacobsen, einem dänischen Architekten und Designer, spiegeln diese Philosophie wider. Sein ikonischer Egg Chair ist ein Paradebeispiel für die Verbindung von Komfort und minimalistischer Ästhetik.

In der Kunstwelt ist der japanische Zen-Buddhismus eine Quelle der Inspiration für die Ästhetik der Einfachheit. Zen-Gärten, wie der berühmte Ryoan-ji-Garten in Kyoto, sind Beispiele für die Schönheit des Einfachen. Diese Gärten bestehen aus sorgfältig arrangierten Steinen und Kiesflächen, die eine meditative und ruhige Atmosphäre schaffen. Die Reduktion auf das Wesentliche ermöglicht es den Betrachtern, eine tiefere Verbindung zur Natur und zur eigenen inneren Ruhe zu finden. Ein weiteres Beispiel ist die Kunst von Agnes Martin, einer amerikanischen Malerin, deren Werke durch ihre schlichte Geometrie und subtile Farbnuancen bestechen. Ihre Gemälde strahlen eine ruhige und kontemplative Schönheit aus, die den Betrachter zur Reflexion einlädt.

Auch in der Mode findet sich die Ästhetik der Einfachheit wieder. Designer wie Coco Chanel haben den Wert von schlichter Eleganz erkannt. Ihr berühmtes "kleines Schwarzes" ist ein Paradebeispiel für zeitlose Einfachheit. Es ist ein Kleidungsstück, das durch seine Schlichtheit und Vielseitigkeit besticht und in jeder Situation stilvoll wirkt. Ein weiteres Beispiel ist die Arbeit von Jil Sander, einer deutschen Modedesignerin, die für ihre minimalistischen und dennoch eleganten Entwürfe bekannt ist. Ihre Kollektionen zeichnen sich durch klare Linien, hochwertige Materialien und eine zurückhaltende Farbpalette aus.

Die Schönheit des Einfachen liegt in seiner Fähigkeit, das Wesentliche zu betonen und eine tiefere Wertschätzung für die Details zu fördern. Durch die Reduktion auf das Wesentliche entsteht eine Form von Fülle, die nicht durch Überfluss, sondern durch Klarheit und Funktionalität erreicht wird. Ob in der Architektur, Innenarchitektur, Kunst oder Mode – die Ästhetik der Einfachheit zeigt, dass weniger oft mehr ist und dass wahre Schönheit in der Klarheit und Reinheit des Designs liegt. Diese Philosophie kann uns lehren, die einfachen Freuden des Lebens zu schätzen und eine tiefere Erfüllung in der Klarheit und Einfachheit zu finden.

Die Fülle in kleinen Dingen finden

Das Finden von Fülle in kleinen Dingen ist eine Kunst, die unser Leben bereichern und uns helfen kann, mehr Zufriedenheit und Glück zu empfinden. Diese Fähigkeit erfordert Achtsamkeit, bewusste Wahrnehmung und praktische Übungen zur Wertschätzung.

Lass uns tiefer in diese Konzepte eintauchen und anhand von Fallbeispielen verdeutlichen, wie wir diese in unserem Alltag umsetzen können.

Achtsamkeit und Wahrnehmung

Achtsamkeit bedeutet, im gegenwärtigen Moment präsent zu sein und diesen ohne Urteil zu erleben. Es geht darum, unsere Sinne zu schärfen und die Welt um uns herum bewusst wahrzunehmen. Hier sind einige hilfreiche Beispiele:

- **Spaziergang im Park:** Stelle dir vor, du gehst durch einen Park. Anstatt gedankenverloren zu schlendern, konzentriere dich auf die Details um dir herum. Beachte die verschiedenen Grüntöne der Blätter, das sanfte Rauschen des Windes in den Bäumen und das Zwitschern der Vögel. Vielleicht entdeckst du sogar kleine Tiere wie Eichhörnchen oder Schmetterlinge. Diese bewusste Wahrnehmung kann dir helfen, die Schönheit der Natur zu schätzen und ein Gefühl der Verbundenheit mit der Umwelt zu entwickeln.

- **Achtsames Essen:** Oft essen wir in Eile oder während wir andere Dinge tun. Wenn wir jedoch achtsam essen, nehmen wir uns die Zeit, die Aromen, Texturen und Gerüche unserer Mahlzeiten wirklich zu genießen. Stelle dir vor, du isst ein Stück Schokolade. Anstatt es schnell zu verschlingen, lasse es langsam auf deiner Zunge schmelzen und genieße den intensiven Geschmack. Diese Praxis kann nicht nur dein Essvergnügen steigern, sondern auch deine Wertschätzung für die Nahrung und die Menschen, die sie zubereitet haben, vertiefen.
- **Meditation:** Eine regelmäßige Meditationspraxis kann dir helfen, deine Achtsamkeit zu schärfen. Setze dich an einen ruhigen Ort, schließe die Augen und konzentrieren dich auf deinen Atem. Wenn deine Gedanken abschweifen, bringe deine Aufmerksamkeit sanft zurück zu deinem Atem. Diese Übung kann dir helfen, im gegenwärtigen Moment zu bleiben und deine Wahrnehmung zu schärfen.

Übungen zur Wertschätzung

Es gibt viele praktische Übungen, die uns helfen können, Wertschätzung für die kleinen Dinge im Leben zu entwickeln. Hier sind einige praktische Beispiele:

- **Dankbarkeitstagebuch:** Jeden Tag kannst du drei Dinge aufschreiben, für die du dankbar bist. Diese Übung lenkt deine Aufmerksamkeit auf die positiven Aspekte deines Lebens und hilft dir, eine Haltung der Dankbarkeit zu kultivieren. Zum Beispiel könntest du dankbar sein für einen schönen Sonnenaufgang, ein freundliches Gespräch mit einem Kollegen oder eine leckere Mahlzeit. Indem du diese Momente bewusst festhältst, kannst du deine Wertschätzung für die kleinen Freuden des Lebens vertiefen.
- **Bewusstes Schenken von Aufmerksamkeit:** Wenn du mit Freunden oder Familie zusammen bist, bemühe dich, wirklich zuzuhören und präsent zu sein. Dies bedeutet, dein Handy beiseitezulegen und dich voll und ganz auf das Gespräch zu konzentrieren. Diese einfache Geste kann deine Beziehungen vertiefen und dir helfen, die Zeit, die du mit deinen Lieben verbringst, mehr zu schätzen. Stelle dir vor,

du führst ein Gespräch mit einem Freund und schenkst ihm deine ungeteilte Aufmerksamkeit. Du wirst feststellen, dass das Gespräch tiefer und bedeutungsvoller wird.

- **Kleine Rituale:** Schaffe kleine Rituale in deinem Alltag, die dir Freude bereiten. Dies könnte das Zubereiten einer Tasse Tee am Nachmittag, das Lesen eines Buches vor dem Schlafengehen oder das Hören deiner Lieblingsmusik beim Kochen sein. Diese Rituale können dir helfen, die kleinen Momente des Alltags zu schätzen und mehr Freude in dein Leben zu bringen.

Beispiele aus dem Alltag

- **Der Morgenkaffee:** Anstatt den Kaffee hastig zu trinken, nimm dir die Zeit, das Aroma zu riechen, die Wärme der Tasse in deinen Händen zu spüren und jeden Schluck bewusst zu genießen. Diese einfache Handlung kann deinen Morgen in ein kleines Ritual der Freude verwandeln. Stelle dir vor, du sitzt am Fenster, die Sonne scheint herein, und du genießt deinen Kaffee in aller Ruhe. Dieser kleine Moment der Achtsamkeit kann dir helfen, den Tag positiv zu beginnen.
- **Ein Lächeln teilen:** Ein Lächeln mit einem Fremden zu teilen, kann deinen Tag und den des anderen erhellen. Es erinnert uns daran, dass wir alle miteinander verbunden sind und dass kleine Gesten der Freundlichkeit eine große Wirkung haben können. Stelle dir vor, du lächelst einen Fremden auf der Straße an und er lächelt zurück. Diese einfache Geste kann deine Stimmung heben und dir ein Gefühl der Verbundenheit geben.
- **Ein Spaziergang im Regen:** Anstatt sich über das schlechte Wetter zu ärgern, kannst du die Gelegenheit nutzen, die frische Luft zu genießen, die Regentropfen auf deiner Haut zu spüren und die beruhigenden Geräusche des Regens zu hören. Dies kann dir helfen, die Schönheit in unerwarteten Momenten zu finden. Stelle dir vor, du gehst durch den Regen, die Straßen sind leer, und du genießt die Ruhe und Stille. Dieser Moment der Achtsamkeit kann dir helfen, die Natur in ihrer ganzen Vielfalt zu schätzen.

- **Ein handgeschriebener Brief:** In einer Zeit der digitalen Kommunikation kann das Schreiben und Empfangen eines handgeschriebenen Briefes eine besondere Freude sein. Es zeigt, dass sich jemand die Zeit genommen hat, um dir eine persönliche Nachricht zu senden, und kann dir helfen, die Bedeutung von zwischenmenschlichen Verbindungen zu schätzen. Stelle dir vor, du erhältst einen Brief von einem alten Freund. Du öffnest den Umschlag, liest die liebevollen Worte und fühlst dich sofort mit dieser Person verbunden. Diese Erfahrung kann dir helfen, die Bedeutung von Freundschaft und menschlicher Verbindung zu schätzen.

- **Ein Sonnenuntergang beobachten:** Nimm dir die Zeit, einen Sonnenuntergang zu beobachten. Die Farben des Himmels, das langsame Verschwinden der Sonne und die Ruhe des Abends können dir helfen, den Moment zu genießen und die Schönheit der Natur zu schätzen. Stelle dir vor, du sitzt an einem ruhigen Ort, vielleicht an einem See oder auf einem Hügel, und beobachtest, wie der Himmel in verschiedenen Farben erstrahlt. Dieser Moment der Stille und des Staunens kann dir ein Gefühl der Zufriedenheit geben.

- **Gartenarbeit:** Wenn du einen Garten hast, kannst du die Zeit im Freien nutzen, um sich um deine Pflanzen zu kümmern. Das Einpflanzen von Blumen, das Jäten von Unkraut oder das Ernten von Gemüse kann dir helfen, eine Verbindung zur Natur herzustellen und die Früchte deiner Arbeit zu schätzen. Stelle dir vor, du pflanzst Samen und siehst, wie sie wachsen und blühen. Diese Erfahrung kann dir ein Gefühl der Erfüllung und Freude geben.

- **Ein gutes Buch lesen:** Nimm dir die Zeit, ein gutes Buch zu lesen. Tauche in die Geschichte ein, lasse dich von den Charakteren und der Handlung mitreißen und genieße die Ruhe, die das Lesen mit sich bringt. Stelle dir vor, du sitzt in einem gemütlichen Sessel, vielleicht mit einer Tasse Tee, und verlierst dich in den Seiten eines spannenden Romans. Diese Zeit für sich selbst kann dir helfen, dich zu entspannen und neue Energie zu tanken.

- **Musik hören:** Höre deine Lieblingsmusik und lasse dich von den Klängen und Melodien mitreißen. Musik kann eine starke emotionale

Wirkung haben und dir helfen, dich zu entspannen und den Moment zu genießen. Stelle dir vor, du hörst ein Lied, das di liebst, und lasse dich von der Musik tragen. Diese Erfahrung kann dir helfen, dich mit deinen Gefühlen zu verbinden und den Moment zu schätzen.

- **Ein Bad nehmen:** Gönne dir ein entspannendes Bad. Füge dir vielleicht ein paar Tropfen ätherisches Öl hinzu, zünde dir Kerzen an und genieße die Wärme des Wassers. Diese einfache Handlung kann dir helfen, sich zu entspannen und den Stress des Tages loszulassen. Stelle dir vor, du liegst in der Badewanne, das Wasser ist angenehm warm, und du spürst, wie die Anspannung aus deinem Körper weicht. Dieser Moment der Selbstfürsorge kann dir helfen, dich zu erholen und neue Energie zu tanken.

- **Ein Hobby pflegen:** Nimm dir Zeit für ein Hobby, das dir Freude bereitet. Ob es sich um Malen, Stricken, Fotografieren oder Kochen handelt, ein Hobby kann dir helfen, sich zu entspannen und deine Kreativität auszuleben. Stelle dir vor, du verbringst einen Nachmittag damit, an einem Kunstwerk zu arbeiten oder ein neues Rezept auszuprobieren. Diese Zeit für sich selbst kann dir helfen, deine Fähigkeiten zu entwickeln und Freude an der Tätigkeit zu finden.

- **Zeit in der Natur verbringen:** Verbringe Zeit in der Natur, sei es beim Wandern, Radfahren oder einfach beim Spazierengehen. Die frische Luft, die Geräusche der Natur und die Bewegung können dir helfen, sich zu entspannen und den Moment zu genießen. Stelle dir vor, du wanderst durch einen Wald, hörst das Rascheln der Blätter unter deinen Füßen und atmest die frische Luft ein. Diese Erfahrung kann dir helfen, dich mit der Natur zu verbinden und die Schönheit der Welt um dich herum zu schätzen.

- **Ein Haustier streicheln:** Wenn du ein Haustier hast, nimm dir die Zeit, es zu streicheln und mit ihm zu spielen. Die Zuneigung und das Vertrauen eines Haustieres kann dir helfen, dich geliebt und geschätzt zu fühlen. Stelle dir vor, du sitzt mit deinem Hund oder deiner Katze auf dem Sofa und genießt die Gesellschaft deines pelzigen Freundes. Diese Momente der Verbundenheit können dir helfen, sich zu entspannen und den Moment zu genießen.

Achtsamkeit im Alltag

Durch Achtsamkeit und bewusste Wertschätzung können wir lernen, die Fülle in den kleinen Dingen des Lebens zu finden. Diese Praxis kann unser Wohlbefinden steigern und uns helfen, ein erfüllteres und zufriedeneres Leben zu führen. Indem wir uns auf die positiven Aspekte unseres Lebens konzentrieren und die kleinen Freuden des Alltags schätzen, können wir mehr Zufriedenheit und Glück empfinden.

Wie kann ich im Alltag achtsamer sein? Hier sind einige Tipps und Übungen, die dir helfen können, achtsamer zu sein:

- **Atemübungen:** Nimm dir mehrmals am Tag ein paar Minuten Zeit, um dich auf deinen Atem zu konzentrieren. Atme tief ein und aus, und spüre, wie die Luft in deine Lungen strömt und wieder hinausfließt. Diese einfache Übung kann dir helfen, dich zu zentrieren und den Moment bewusst wahrzunehmen.

- **Bewusste Pausen:** Mache regelmäßig kurze Pausen während des Tages, um innezuhalten und dich zu entspannen. Schließe die Augen, atme tief durch und lasse deine Gedanken zur Ruhe kommen. Diese Pausen können dir helfen, Stress abzubauen und deine Energie wieder aufzuladen.

- **Achtsames Gehen:** Wenn du spazieren gehst, konzentriere dich auf deine Schritte und die Umgebung um dich herum. Spüre den Boden unter deinen Füßen, höre die Geräusche der Natur und nimm die Farben und Formen um dich herum wahr. Diese Praxis kann dir helfen, sich mit der Natur zu verbinden und den Moment zu genießen.

- **Dankbarkeit:** Nimm dir täglich etwas Zeit, um über die Dinge nachzudenken, für die du dankbar bist. Dies kann dir helfen, eine positive Einstellung zu entwickeln und die kleinen Freuden des Lebens zu schätzen. Du kannst auch ein Dankbarkeitstagebuch führen, in dem du täglich drei Dinge aufschreibst, für die du dankbar bist.

- **Achtsames Zuhören:** Wenn du mit anderen Menschen sprichst, schenke ihnen deine volle Aufmerksamkeit. Höre aktiv zu, ohne zu unterbrechen oder an deine Antwort zu denken. Diese Praxis kann deine Beziehungen vertiefen und dir helfen, sich mehr mit anderen verbunden zu fühlen.

- **Digitale Achtsamkeit:** Setze dir bewusste Grenzen für deine Nutzung von digitalen Geräten. Lege dir Zeiten fest, in denen du dein Handy oder deinen Computer beiseite legst und dich auf andere Aktivitäten konzentrierst. Dies kann dir helfen, dich weniger abgelenkt zu fühlen und mehr im Moment zu leben.
- **Achtsame Morgenroutine:** Beginne deinen Tag mit einer achtsamen Morgenroutine. Dies könnte Meditation, sanftes Dehnen oder das bewusste Genießen einer Tasse Tee oder Kaffee beinhalten. Eine ruhige und bewusste Morgenroutine kann dir helfen, den Tag positiv und zentriert zu beginnen.
- **Achtsames Arbeiten:** Auch bei der Arbeit kannst du Achtsamkeit praktizieren. Konzentriere dich auf eine Aufgabe nach der anderen und vermeide Multitasking. Mache regelmäßig kurze Pausen, um dich zu dehnen und tief durchzuatmen. Diese Praxis kann deine Produktivität und dein Wohlbefinden steigern.
- **Selbstfürsorge:** Nimm dir regelmäßig Zeit für Selbstfürsorge. Dies könnte ein entspannendes Bad, das Lesen eines Buches oder das Ausüben eines Hobbys sein. Indem du dir Zeit für dich selbst nimmst, kannst du deine Batterien aufladen und dich besser um andere kümmern.
- **Achtsames Beobachten:** Nimm dir Zeit, um deine Umgebung bewusst zu beobachten. Dies könnte das Betrachten eines Sonnenuntergangs, das Beobachten von Wolkenformationen oder das Genießen der Farben und Formen in einem Garten sein. Diese Praxis kann dir helfen, die Schönheit in den kleinen Dingen zu sehen.
- **Achtsame Kommunikation:** Übe achtsame Kommunikation, indem du ehrlich und respektvoll mit anderen sprichst. Achte darauf, wie du deine Worte wählst und wie du auf die Worte anderer reagierst. Diese Praxis kann deine Beziehungen verbessern und Missverständnisse vermeiden.

Durch die Integration dieser achtsamen Praktiken in den Alltag kannst du lernen, präsenter zu sein und die kleinen Momente des Lebens mehr zu schätzen. Achtsamkeit kann helfen, Stress abzubauen, Beziehungen zu vertiefen und mehr Freude und Zufriedenheit zu finden.

Achtsamkeitsübung

Die 5-4-3-2-1 Übung ist eine einfache, aber effektive Achtsamkeitsübung, die du jederzeit und überall durchführen kannst. Diese Übung hilft dir, dich zu zentrieren und den gegenwärtigen Moment bewusst wahrzunehmen. Du kannst sie durchführen, wenn du dich gestresst fühlst oder einfach nur eine kurze Pause brauchst.

1. **Fünf Dinge sehen:** Schaue dich um und benenne fünf Dinge, die du sehen kannst. Dies könnte ein Baum, ein Stift, ein Bild an der Wand oder ein Auto sein. Nimm dir einen Moment Zeit, um jedes Objekt wirklich zu betrachten.
2. **Vier Dinge fühlen:** Konzentriere dich auf vier Dinge, die du fühlen kannst. Dies könnte die Textur deiner Kleidung, der Boden unter deinen Füßen, die Wärme einer Tasse Tee oder die Brise auf deiner Haut sein. Spüre bewusst die Empfindungen.
3. **Drei Dinge hören:** Achte auf drei Geräusche, die du hören kannst. Dies könnte das Zwitschern der Vögel, das Summen eines Computers oder das Rauschen des Verkehrs sein. Höre aufmerksam zu.
4. **Zwei Dinge riechen:** Rieche an zwei Dingen in deiner Umgebung. Dies könnte der Duft einer Blume, der Geruch von Kaffee oder das Parfüm einer Person sein. Nimm die Düfte bewusst wahr.
5. **Ein Ding schmecken:** Konzentriere dich auf einen Geschmack in deinem Mund. Dies könnte der Geschmack von Zahnpasta, einem Getränk oder einem Snack sein. Wenn du nichts schmeckst, kannst du dich auch einfach auf die Empfindung in deinem Mund konzentrieren.

Diese Übung hilft dir, deine Sinne zu schärfen und den gegenwärtigen Moment bewusst zu erleben. Du kannst sie jederzeit durchführen, wenn du dich gestresst oder abgelenkt fühlst, um dich wieder zu zentrieren und Ruhe zu finden.

Geschichte aus dem Alltag

Hier ist eine Geschichte, die sich auf alltägliche Routinen und die Fülle in kleinen Dingen bezieht:

Jeden Morgen klingelte der Wecker von Karina um 6:30 Uhr. Sie begann ihren Tag mit einer Tasse Kaffee, die sie in ihrer Lieblingstasse genoss. Während sie den ersten Schluck nahm, schaute sie aus dem Fenster und beobachtete, wie die Stadt langsam erwachte. Die Vögel zwitscherten, und die ersten Sonnenstrahlen fielen auf die Dächer der Häuser. Dieser Moment der Ruhe war für Karina ein wichtiger Start in den Tag.

Nach dem Frühstück machte sich Karina auf den Weg zur Arbeit. Sie nahm immer denselben Weg, aber heute entschied sie sich, etwas langsamer zu gehen und ihre Umgebung bewusst wahrzunehmen. Sie bemerkte die Blumen, die in den Vorgärten blühten, und das Lächeln der Nachbarn, die sie grüßten. Diese kleinen Begegnungen brachten ihr Freude und ließen sie den Weg zur Arbeit als weniger stressig empfinden.

Im Büro angekommen, begann Karina ihre Routineaufgaben. Sie nahm sich jedoch vor, jede Aufgabe mit Achtsamkeit zu erledigen. Anstatt sich von der Hektik des Tages überwältigen zu lassen, konzentrierte sie sich auf eine Aufgabe nach der anderen und machte zwischendurch kleine Pausen, um tief durchzuatmen und sich zu strecken. Diese kurzen Momente der Achtsamkeit halfen ihr, fokussiert und entspannt zu bleiben.

In der Mittagspause ging Karina in den nahegelegenen Park. Sie setzte sich auf eine Bank und genoss ihr selbstgemachtes Sandwich. Während sie aß, beobachtete sie die Menschen um sich herum – Kinder, die spielten, Jogger, die ihre Runden drehten, und Kollegen, die sich unterhielten. Diese einfachen Beobachtungen ließen sie die Schönheit des Alltags schätzen.

Am Abend, nach einem langen Arbeitstag, nahm sich Karina Zeit für sich selbst. Sie kochte ein einfaches Abendessen und setzte sich mit einem Buch auf das Sofa. Bevor sie ins Bett ging, schrieb sie in ihr Tagebuch, wofür sie an diesem Tag dankbar war. Diese kleine Routine half ihr, den Tag positiv abzuschließen und mit einem Gefühl der Zufriedenheit einzuschlafen.

FAZIT: Der Ansatz der Einfachheit lässt sich in vielen Lebensbereichen praktizieren. Eine bewusste Entscheidung gegen Komplexität und Überfluss und für Einfachheit kann eine bereichernde Quelle für tiefe Erfüllung und Zufriedenheit sein. Lege den Fokus stets auf das Wesentliche.

KAPITEL 4: Genügsamkeit und Nachhaltigkeit

In einer Welt des Überflusses und des ständigen Konsums gewinnen die Konzepte der Genügsamkeit und Nachhaltigkeit zunehmend an Bedeutung. Dieses Kapitel befasst sich mit der Frage, wie wir unser Leben umweltbewusster gestalten, unseren ökologischen Fußabdruck reduzieren und nachhaltigere Konsumgewohnheiten entwickeln können.

Genügsamkeit ist mehr als nur Verzicht. Es ist eine Lebenseinstellung, die auf der Erkenntnis beruht, dass wahres Glück und Zufriedenheit nicht durch materiellen Besitz erreicht werden.

Umweltbewusstes Leben

Letztendlich geht es bei Genügsamkeit und Nachhaltigkeit darum, ein Gleichgewicht zu finden zwischen unseren Bedürfnissen und den Ressourcen unseres Planeten. Es ist eine Reise, die jeder von uns antreten kann, unabhängig von unseren Lebensumständen. Ob es der Verzicht auf Einwegplastik ist, die Entscheidung, öfter das Fahrrad zu nutzen, oder der Aufbau eines Gemeinschaftsgartens – jede Aktion zählt und trägt dazu bei, eine nachhaltigere und lebenswertere Welt für uns alle zu schaffen.

Beispiele nachhaltiger Konsumgewohnheiten

Nehmen wir zum Beispiel Maria, eine junge Marketingmanagerin, die sich entschied, ihr Leben zu vereinfachen. Sie begann damit, ihren Kleiderschrank auszumisten und behielt nur die Stücke, die sie wirklich liebte und regelmäßig trug. Anstatt ständig neue Kleidung zu kaufen, investierte sie in wenige, hochwertige Teile. Diese Entscheidung führte nicht nur zu einer aufgeräumten Wohnung, sondern auch zu einem klareren Geist und weniger Stress beim täglichen Ankleiden.

Ein umweltbewusstes Leben beginnt oft mit kleinen Schritten im Alltag, wie die folgenden Beispiele zeigen:

- Der pensionierte Lehrer Phillip entdeckte seine Leidenschaft für Energiesparen, als er begann, seinen Stromverbrauch zu überwachen. Er tauschte alle Glühbirnen gegen LED-Lampen aus, installierte Bewegungsmelder in weniger frequentierten Räumen und schaffte sich energieeffiziente Haushaltsgeräte an. Innerhalb eines Jahres konnte er seinen Stromverbrauch um 30% senken, was nicht nur gut für die Umwelt war, sondern auch seine Stromrechnung deutlich reduzierte. Die Reduzierung des ökologischen Fußabdrucks ist ein weiterer wichtiger Aspekt eines nachhaltigen Lebensstils.
- Familie Schuhmann aus Hamburg entschied sich, ihr Mobilitätsverhalten zu überdenken. Sie verkauften ihr zweites Auto und nutzten stattdessen Fahrräder für kurze Strecken und öffentliche Verkehrsmittel für längere Fahrten. Für den jährlichen Familienurlaub entschieden sie sich gegen Flugreisen und entdeckten stattdessen die Schönheit von Zugfahrten durch Europa. Diese Veränderungen führten nicht nur zu einer erheblichen Reduzierung ihres CO2-Ausstoßes, sondern auch zu einer engeren Bindung als Familie während ihrer gemeinsamen Reisen und darüber hinaus. Nachhaltige Konsumgewohnheiten zu entwickeln, erfordert oft ein Umdenken in unserem Kaufverhalten.
- Mathilda, eine Studentin, begann damit, Second-Hand-Läden und Flohmärkte zu erkunden. Sie fand heraus, dass sie nicht nur Geld sparen konnte, sondern auch einzigartige Stücke entdeckte, die ihrer Garderobe einen individuellen Touch verliehen. Zudem begann sie, Kleidertauschpartys mit ihren Freunden zu organisieren, was nicht nur Spaß machte, sondern auch den Konsum neuer Kleidung in ihrem Freundeskreis deutlich reduzierte. Der Weg zu einem genügsamen und nachhaltigen Lebensstil ist oft auch eine innere Reise.
- Der Unternehmensberater Michael entdeckte dies, als er begann, Achtsamkeitsübungen bewusst in seinen Alltag zu integrieren. Er stellte schnell fest, dass er durch bewussteres Wahrnehmen seiner Umgebung und seiner Bedürfnisse weniger Drang verspürte, ständig

neue Dinge zu kaufen. Stattdessen fand er Erfüllung in einfachen Aktivitäten wie Spaziergängen in der Natur oder dem Erlernen neuer Fähigkeiten. Herausforderungen auf dem Weg zu einem nachhaltigeren Lebensstil sind normal und können überwunden werden.

- Als Katja und Mark beschlossen, ihren Plastikkonsum zu reduzieren, stießen sie anfangs auf Schwierigkeiten beim Einkaufen. Sie fanden jedoch bald einen Unverpackt-Laden in ihrer Nähe und begannen, ihre eigenen Behälter mitzubringen. Was zunächst umständlich erschien, wurde schnell zur Routine und inspirierte sogar einige ihrer Nachbarn, es ihnen gleichzutun. Die Umstellung auf eine pflanzlichere Ernährung kann ebenfalls einen großen Beitrag zur Nachhaltigkeit leisten.

- Der Hobbykoch Alex experimentierte mit vegetarischen und veganen Rezepten und war überrascht, wie vielfältig und schmackhaft diese Küche sein kann. Er begann, wöchentliche Kochabende für Freunde zu veranstalten, bei denen er seine neuen Rezepte vorstellte. Nicht nur verbesserte sich seine eigene Gesundheit, sondern er konnte auch andere für eine nachhaltigere Ernährungsweise begeistern. Genügsamkeit und Nachhaltigkeit sind keine Einschränkungen, sondern Wege zu einem erfüllteren und bewussteren Leben.

- Die Rentnerin Helga entdeckte dies, als sie begann, ihren Garten nach Permakultur-Prinzipien umzugestalten. Sie pflanzte Obstbäume, legte Gemüsebeete an und schuf Lebensräume für Insekten und Vögel. Ihr Garten wurde nicht nur zu einer Quelle frischer, biologischer Lebensmittel, sondern auch zu einem Ort der Entspannung und Freude, den sie gerne mit ihrer Familie und ihren Nachbarn teilte. Jeder Schritt in Richtung eines genügsameren und nachhaltigeren Lebensstils ist ein Beitrag zu einer besseren Zukunft – für uns selbst und für den Planeten.

- Der Informatiker David nutzte seine Fähigkeiten, um eine App zu entwickeln, die dabei hilft, den täglichen CO_2-Fußabdruck zu tracken und zu reduzieren. Was als persönliches Projekt begann, wurde zu einem beliebten Tool in seiner Gemeinde und inspirierte viele Menschen, bewusstere Entscheidungen in ihrem Alltag zu treffen.

Die Verbindung von Genügsamkeit und Nachhaltigkeit

Synergien und gegenseitige Vorteile

Die Verbindung von Genügsamkeit und Nachhaltigkeit sowie deren Synergien und gegenseitige Vorteile lassen sich wie folgt zusammenfassen: Genügsamkeit und Nachhaltigkeit sind eng miteinander verknüpft und verstärken sich gegenseitig.

Ein genügsamer Lebensstil trägt wesentlich zu mehr Nachhaltigkeit bei, während nachhaltige Praktiken oft eine gewisse Genügsamkeit erfordern. Zu den wichtigsten Synergien und Vorteilen von Genügsamkeit und Nachhaltigkeit gehören:

1. **Reduzierung des ökologischen Fußabdrucks:** Genügsamkeit führt zu einem geringeren Ressourcenverbrauch und weniger Umweltbelastungen, was direkt zur ökologischen Nachhaltigkeit beiträgt.

2. **Förderung von Resilienz:** Ein genügsamer Lebensstil macht Individuen und Gesellschaften weniger anfällig für Krisen und Ressourcenknappheit. Dies stärkt die soziale und wirtschaftliche Nachhaltigkeit.

3. **Verbesserung der Lebensqualität:** Entgegen der verbreiteten Annahme kann Genügsamkeit zu mehr Zufriedenheit und Wohlbefinden führen, indem sie Stress und Reizüberflutung reduziert.

4. **Wirtschaftliche Vorteile:** Nachhaltige und genügsame Praktiken können zu Kosteneinsparungen und effizienterer Ressourcennutzung führen, was wirtschaftliche Vorteile mit sich bringt.

5. **Förderung von Innovation:** Die Notwendigkeit, mit weniger auszukommen, kann kreative und nachhaltige Lösungen hervorbringen.

6. **Stärkung sozialer Bindungen:** Genügsamkeit kann zu mehr Gemeinschaftssinn und gegenseitiger Unterstützung führen, was die soziale Nachhaltigkeit fördert.

7. **Langfristige Perspektive:** Beide Konzepte fördern ein Denken in längeren Zeiträumen und berücksichtigen die Bedürfnisse zukünftiger Generationen.

8. **Gerechtere Ressourcenverteilung:** Genügsamkeit in wohlhabenden Gesellschaften kann zu einer gerechteren globalen Verteilung von Ressourcen beitragen.

Die Verbindung von Genügsamkeit und Nachhaltigkeit bietet somit einen ganzheitlichen Ansatz für eine zukunftsfähige Entwicklung, der ökologische, soziale und wirtschaftliche Aspekte integriert. Dabei geht es nicht um Verzicht, sondern um eine Neuausrichtung auf das, was wirklich wichtig ist für ein gutes Leben innerhalb planetarer Grenzen.

Tipps für nachhaltiges Handeln

Hier sind einige praktische Tipps, um Zero-Waste-Praktiken zu integrieren und Energieeinsparungen sowie Ressourcenschonung im Alltag zu fördern.

Zero-Waste-Praktiken

Der Zero-Waste-Lebensstil zielt darauf ab, die Abfallmenge zu minimieren und Ressourcen effizient zu nutzen. Ein einfaches Beispiel ist die Verwendung von Stoffbeuteln anstelle von Plastiktüten beim Einkaufen. Dies reduziert nicht nur den Plastikverbrauch, sondern spart auch Geld, da Plastiktüten in vielen Geschäften nicht mehr kostenlos sind. Ein weiteres Beispiel ist der Umstieg auf festes Shampoo und Duschgel, das in plastikfreien Verpackungen erhältlich ist. Diese Produkte sind nicht nur umweltfreundlicher, sondern auch ergiebiger und platzsparender. In der Küche kann der Zero-Waste-Ansatz durch den Kauf unverpackter Lebensmittel umgesetzt werden. Viele Supermärkte bieten mittlerweile lose Waren an, die in wiederverwendbaren Behältern transportiert werden können. Dies reduziert Verpackungsmüll erheblich.

Ein weiteres Beispiel ist die Kompostierung von organischen Abfällen, die nicht nur die Müllmenge reduziert, sondern auch wertvollen Dünger für den Garten liefert. Ein weiterer Aspekt des Zero-Waste-Lebensstils ist die Vermeidung von Einwegprodukten. Statt Einweg-Kaffeebechern können wiederverwendbare Becher verwendet werden, und anstelle von Einweg-Wasserflaschen kann eine wiederverwendbare Flasche genutzt werden. Diese kleinen Änderungen im Alltag können einen großen Unterschied machen.

Energieeinsparung und Ressourcenschonung

Energieeffizienz spielt eine entscheidende Rolle bei der Reduzierung des ökologischen Fußabdrucks. Eine einfache Maßnahme ist der Austausch herkömmlicher Glühbirnen durch LED-Lampen, die bis zu 80% weniger Energie verbrauchen. Darüber hinaus kann die Nutzung von Tageslicht anstelle von künstlicher Beleuchtung den Energieverbrauch weiter senken.

Ein weiteres Beispiel ist die Verbesserung der Wärmedämmung in Wohnräumen. Gut isolierte Fenster und Türen verhindern Wärmeverluste und reduzieren die Heizkosten erheblich. In Kombination mit einem effizienten Heizsystem kann dies die Energiekosten deutlich senken. Auch die regelmäßige Wartung von Heizungsanlagen trägt zur Energieeinsparung bei, da gut gewartete Systeme effizienter arbeiten. Smart-Home-Technologien bieten ebenfalls Möglichkeiten zur Energieeinsparung. Intelligente Thermostate und Beleuchtungssysteme passen den Energieverbrauch automatisch an die Bedürfnisse der Bewohner an und optimieren so den Energieeinsatz.

Im Bereich der Wassereinsparung kann die Installation von wassersparenden Armaturen und Toiletten den Wasserverbrauch erheblich reduzieren. Auch das Sammeln von Regenwasser zur Gartenbewässerung ist eine effektive Methode, um Wasserressourcen zu schonen.

Fallstudien und Beispiele

Erfolgreiche nachhaltige Projekte und Initiativen

Erfolgreiche nachhaltige Projekte und Initiativen zeigen, wie diese Praktiken in der Realität umgesetzt werden können:

- **IKEA:** Ein bemerkenswertes Beispiel ist das Unternehmen IKEA, das sich zum Ziel gesetzt hat, bis 2030 positive Umweltauswirkungen zu erzielen. IKEA fördert die Verwendung nachhaltiger Materialien und bietet Lösungen zur Wiederverwendung, Reparatur und zum Recycling von Produkten an. Diese Initiativen zeigen, dass ökologische Nachhaltigkeit und wirtschaftlicher Erfolg Hand in Hand gehen können.

- **Repair Cafés:** Ein weiteres inspirierendes Projekt ist das „Repair Café", das in vielen Städten weltweit zu finden ist. Diese Cafés bieten Menschen die Möglichkeit, defekte Geräte zu reparieren, anstatt sie wegzuwerfen. Dies fördert nicht nur die Genügsamkeit, sondern reduziert auch Elektroschrott und stärkt den Gemeinschaftssinn.
- **Freiburg:** Im Bereich der Energieeinsparung hat die Stadt Freiburg in Deutschland beeindruckende Fortschritte gemacht. Freiburg ist bekannt für seine umweltfreundliche Stadtplanung und den Einsatz erneuerbarer Energien. Die Stadt hat umfassende Maßnahmen zur Förderung von Solarenergie und energieeffizientem Bauen umgesetzt, was zu einer signifikanten Reduzierung des CO_2-Ausstoßes geführt hat.
- **Lokale Projekte:** Ein weiteres Beispiel ist das Projekt „Transition Towns", das in vielen Städten weltweit umgesetzt wird. Diese Initiative zielt darauf ab, Gemeinschaften widerstandsfähiger gegenüber den Herausforderungen von Peak Oil und Klimawandel zu machen. Durch lokale Projekte wie Gemeinschaftsgärten, lokale Währungen und Energiesparinitiativen wird die Abhängigkeit von fossilen Brennstoffen reduziert und die lokale Wirtschaft gestärkt.
- **Permakultur:** In der Landwirtschaft zeigt das Konzept der Permakultur, wie nachhaltige Praktiken umgesetzt werden können. Permakultur-Designs nutzen natürliche Ökosysteme als Vorbild, um nachhaltige Landwirtschaftssysteme zu schaffen. Ein Beispiel ist der Hof von Sepp Holzer in Österreich, der durch den Einsatz von Permakultur-Techniken eine hohe Biodiversität und Produktivität erreicht hat, ohne auf chemische Düngemittel oder Pestizide zurückzugreifen.

Diese Fallstudien und Beispiele verdeutlichen, dass nachhaltiges Handeln nicht nur möglich, sondern auch lohnend ist. Indem wir

Zero-Waste-Praktiken integrieren und Energie effizient nutzen, können wir einen positiven Beitrag zur Umwelt leisten und gleichzeitig unsere Lebensqualität verbessern. Jeder kleine Schritt zählt, und gemeinsam können wir eine nachhaltigere Zukunft gestalten.

Weitere Aspekte und Überlegungen

Neben diesen praktischen Tipps und Fallstudien gibt es noch viele weitere Aspekte, die in Betracht gezogen werden können, um nachhaltiges Handeln zu fördern. Bildung und Bewusstseinsbildung spielen eine entscheidende Rolle. Durch die Vermittlung von Wissen über die Auswirkungen unseres Konsumverhaltens und die Vorteile nachhaltiger Praktiken können Menschen motiviert werden, ihr Verhalten zu ändern.

Auch die Rolle der Politik und der Gesetzgebung ist von Bedeutung. Durch die Schaffung von Anreizen für nachhaltige Praktiken und die Einführung von Vorschriften zur Reduzierung von Umweltverschmutzung und Ressourcenverbrauch können Regierungen einen wichtigen Beitrag leisten.

Schließlich ist die Zusammenarbeit zwischen verschiedenen Akteuren entscheidend. Unternehmen, Regierungen, NGOs und die Zivilgesellschaft müssen zusammenarbeiten, um nachhaltige Lösungen zu entwickeln und umzusetzen. Nur durch gemeinsame Anstrengungen können wir die Herausforderungen des 21. Jahrhunderts bewältigen und eine nachhaltige Zukunft für kommende Generationen sichern.

FAZIT: Indem wir diese Tipps und Beispiele berücksichtigen und umsetzen, können wir alle dazu beitragen, die Welt ein Stück nachhaltiger zu machen. Es liegt in unserer Verantwortung, die notwendigen Schritte zu unternehmen, um unsere Umwelt zu schützen und eine lebenswerte Zukunft zu sichern. Nachhaltiges Handeln ist nicht nur eine Notwendigkeit, sondern auch eine Chance, unser Leben und unsere Gesellschaft positiv zu verändern.

KAPITEL 5: Finanzielle Genügsamkeit

Finanzielle Genügsamkeit ist ein Konzept, das weit über das bloße Sparen hinausgeht. Es ist eine Lebensphilosophie, die darauf abzielt, ein Gleichgewicht zwischen dem Streben nach finanzieller Sicherheit und einem erfüllten Leben zu finden.

In diesem Kapitel werden wir die verschiedenen Dimensionen der finanziellen Genügsamkeit erkunden, von der Bedeutung der Sparsamkeit bis hin zu strategischen Investitionen in das, was wirklich zählt. Wir werden auch durch Fallstudien und Erfolgsgeschichten illustrieren, wie Menschen durch bewusste Entscheidungen finanzielle Freiheit erlangt haben.

Grundlagen der finanziellen Genügsamkeit

Sparsamkeit und finanzielle Freiheit

Finanzielle Genügsamkeit beginnt mit der Sparsamkeit, die oft missverstanden wird. Sparsamkeit bedeutet nicht, geizig zu sein oder auf alle Annehmlichkeiten zu verzichten. Vielmehr geht es darum, bewusst und effizient mit den eigenen Ressourcen umzugehen. Es ist die Kunst, den Wert des Geldes zu verstehen und es so einzusetzen, dass es den größtmöglichen Nutzen bringt.

Ein zentraler Aspekt der Sparsamkeit ist der bewusste Konsum. Dies bedeutet, den eigenen Konsum kritisch zu hinterfragen und sich auf das zu konzentrieren, was wirklich wichtig ist.

Ein Beispiel hierfür ist Lisa, eine junge Lehrerin aus Berlin, die beschloss, ihre Ausgaben drastisch zu reduzieren, um ihre Schulden schneller abzuzahlen. Sie erkannte, dass viele ihrer Ausgaben impulsiv und völlig unnötig waren. Durch bewusste Entscheidungen, wie das Mitnehmen von selbstgemachtem Kaffee und das Kündigen unnötiger Abonnements, konnte sie ihre monatlichen Ausgaben erheblich reduzieren.

Im Folgenden sind einige weitere Beispiele aufgeführt, die die Grundlagen der finanziellen Genügsamkeit betrachten:

- Michael, ein junger Ingenieur, entschied sich bewusst für eine kleinere Wohnung in einer günstigeren Gegend, anstatt sein gesamtes Gehalt für eine teure Innenstadtwohnung auszugeben. Dadurch konnte er monatlich einen beträchtlichen Betrag sparen und in seine Altersvorsorge investieren.
- Familie Meyer führte ein Haushaltsbuch ein, in dem sie alle Ausgaben genau dokumentierten. Durch diese Übersicht erkannten sie viele unnötige Ausgaben und konnten ihre monatlichen Kosten um 15% senken, ohne ihren Lebensstandard wesentlich zu verändern.
- Sarah, eine Studentin, entdeckte das Prinzip des Minimalismus für sich. Sie sortierte konsequent Dinge aus, die sie nicht regelmäßig brauchte, und verzichtete auf impulsive Käufe. Dies führte nicht nur zu finanziellen Einsparungen, sondern auch zu einem klareren und stressfreieren Lebensstil.
- Mark, ein Büroangestellter, begann damit, seine Mahlzeiten für die Arbeitswoche vorzubereiten, anstatt täglich in der Kantine zu essen. Diese simple Änderung sparte ihm nicht nur Geld, sondern führte auch zu einer gesünderen Ernährung.
- Das Ehepaar Schmidt entschied sich, ihren Jahresurlaub nicht wie gewohnt im Ausland zu verbringen, sondern die Schönheit ihrer Heimatregion zu erkunden. Sie entdeckten nicht nur wunderbare Orte in ihrer Nähe, sondern sparten auch erheblich an Reisekosten.

Diese Beispiele zeigen, dass finanzielle Genügsamkeit oft durch kleine, aber bewusste Entscheidungen im Alltag erreicht werden kann, die langfristig zu einer verbesserten finanziellen Situation führen.

Prioritäten setzen und bewusste Investitionen tätigen

Investieren in das, was wirklich zählt, ist ein zentraler Aspekt der finanziellen Genügsamkeit. Es geht darum, Prioritäten zu setzen und gezielt in Bereiche zu investieren, die langfristig einen Mehrwert bieten.

Elisa, eine alleinerziehende Mutter, entschied sich, in ihre Weiterbildung zu investieren, um ihre beruflichen Chancen zu verbessern.

Durch den Abschluss eines berufsbegleitenden Studiums konnte sie nicht nur ihr Einkommen steigern, sondern auch ein Vorbild für ihre Kinder sein, indem sie ihnen die Bedeutung von Bildung und harter Arbeit vorlebte.

Budgetierung und Ausgabenmanagement

Erstellung eines Budgets

Die Erstellung und Einhaltung eines Budgets ist ein wesentliches Instrument, um finanzielle Genügsamkeit zu erreichen. Es hilft, die eigenen Finanzen im Blick zu behalten und sicherzustellen, dass man innerhalb seiner Möglichkeiten lebt.

Maria und Jens, ein Ehepaar mit zwei Kindern, entschieden sich, ihre monatlichen Ausgaben zu analysieren und ein striktes Budget zu erstellen. Sie erkannten, dass sie durch den Wechsel zu einem günstigeren Stromanbieter und die Reduzierung von Restaurantbesuchen ihre monatlichen Ausgaben um 20% senken konnten. Diese Einsparungen ermöglichten es ihnen, einen soliden Notfallfonds aufzubauen und regelmäßig in die Ausbildung ihrer Kinder zu investieren.

Langfristige finanzielle Planung

Langfristige finanzielle Planung ist entscheidend für die Erreichung finanzieller Genügsamkeit. Ein gut durchdachter Finanzplan berücksichtigt sowohl kurzfristige als auch langfristige Bedürfnisse und hilft dabei, finanzielle Unsicherheiten zu minimieren.

Martin, ein Ingenieur, ist ein hervorragendes Beispiel dafür, wie langfristige Planung zur finanziellen Freiheit führen kann. Schon früh in seiner Karriere begann Martin, einen Teil seines Einkommens in einen diversifizierten Aktienfonds zu investieren. Er setzte sich das Ziel, bis zu seinem 50. Lebensjahr finanziell unabhängig zu sein. Durch diszipliniertes Sparen und kluge Investitionen konnte Martin nicht nur ein solides finanzielles Polster aufbauen, sondern auch seine finanzielle Unabhängigkeit vorzeitig erreichen.

Tipps zur Reduzierung von Ausgaben

Um finanzielle Genügsamkeit zu erreichen, ist es wichtig, unnötige Ausgaben zu reduzieren. Dies kann durch kleine, aber wirkungsvolle Änderungen im Alltag geschehen. Beispielsweise kann das Selbstkochen anstelle von häufigen Restaurantbesuchen erhebliche Einsparungen bringen. Ein weiteres Beispiel ist das Vergleichen von Preisen vor größeren Anschaffungen, um die besten Angebote zu finden. Vermeide Impulskäufe, indem du vor jedem Kauf überlegst, ob der Artikel wirklich notwendig ist und in deine Budgetplanung passt.

Erfolgsgeschichte

Erfolgsgeschichten von Menschen, die finanzielle Genügsamkeit erreicht haben, können inspirierend und lehrreich sein. Auch folgendes bemerkenswertes Beispiel zeigt, wie eine Veränderung des Lebensstils zur finanziellen Freiheit führen kann.

Paul, ein ehemaliger Unternehmensberater, entschied sich dazu seinen gut bezahlten Job aufzugeben, um ein einfacheres Leben auf dem Land zu führen. Durch den Verkauf seines teuren Stadtapartments und die Reduzierung seiner Lebenshaltungskosten konnte er nicht nur finanziell unabhängig werden, sondern auch ein erfüllteres und glücklicheres Leben führen.

Pauls Geschichte zeigt, dass finanzielle Genügsamkeit oft mit einer grundlegenden Veränderung der Lebensprioritäten einhergeht und dass wahre Freiheit durch die bewusste Entscheidung für ein einfacheres Leben erreicht werden kann.

FAZIT: Die Erkenntnisse und Beispiele in diesem Kapitel verdeutlichen, dass finanzielle Genügsamkeit ein lebensverändernder Ansatz sein kann, der nicht nur finanzielle Sicherheit bietet, sondern auch zu einem erfüllteren und zufriedeneren Leben führt. Indem man bewusste Entscheidungen trifft und sich auf das Wesentliche konzentriert, kann man finanzielle Freiheit erlangen und ein Leben führen, das den eigenen Werten und Zielen entspricht. Finanzielle Genügsamkeit erfordert Disziplin, Planung und die Bereitschaft, den eigenen Lebensstil zu hinterfragen und anzupassen. Doch die Belohnungen – finanzielle Unabhängigkeit, weniger Stress und ein erfüllteres Leben – sind es wert, diesen Weg zu gehen.

KAPITEL 6: Genügsamkeit in Beziehungen

Genügsamkeit in Beziehungen ist ein Konzept, das sich auf die Fähigkeit konzentriert, mit dem zufrieden zu sein, was man hat, und die kleinen Dinge im Leben zu schätzen. In der heutigen schnelllebigen Welt, in der oft mehr Wert auf materielle Güter und oberflächliche Erfolge gelegt wird, kann die Kunst der Genügsamkeit dazu beitragen, tiefere und bedeutungsvollere Beziehungen zu pflegen. Ein wesentlicher Aspekt davon ist die Wertschätzung und Dankbarkeit, die als Grundpfeiler für das Wachstum und die Stabilität von Partnerschaften dienen.

Dankbarkeit und Wertschätzung

Die Rolle der Dankbarkeit in Beziehungen

Die Rolle der Dankbarkeit in Beziehungen ist nicht zu unterschätzen. Dankbarkeit kann als eine Art emotionaler Klebstoff betrachtet werden, der Partner zusammenhält. Sie fördert positive Gefühle und hilft, den Partner und die Beziehung in einem positiven Licht zu sehen.

Ein Beispiel hierfür ist das Paar Anja und Robert, die seit mehreren Jahren zusammen sind. Anja hat die Angewohnheit entwickelt, jeden Abend vor dem Schlafengehen darüber nachzudenken, wofür sie Robert an diesem Tag dankbar ist. Diese Praxis hat nicht nur ihre eigene Perspektive auf die Beziehung verbessert, sondern auch Robert motiviert, sich mehr zu bemühen, da er sich wertgeschätzt fühlt.

Studien belegen, dass Dankbarkeit in Beziehungen zu einer höheren Zufriedenheit und Stabilität führen kann. Menschen, die sich von ihrem Partner wertgeschätzt fühlen, zeigen oft mehr Engagement und Verbundenheit, was wiederum die Beziehung stärkt. Dankbarkeit hilft auch, die Bedürfnisse des Partners besser zu verstehen und darauf einzugehen. Sie schafft eine Atmosphäre des Wohlwollens und der Unterstützung, die für das langfristige Bestehen einer Beziehung entscheidend ist. Wenn Partner regelmäßig Dankbarkeit ausdrücken, erhöht sich die

Wahrscheinlichkeit, dass sie auch in schwierigen Zeiten zusammen-
halten werden.

Ein weiteres Beispiel ist das Ehepaar Larissa und Tim, die in ihrer
Beziehung eine Krise durchlebten. Durch die bewusste Praxis der
Dankbarkeit, indem sie sich täglich kleine Notizen hinterließen, in denen
sie ausdrückten, wofür sie dankbar waren, konnten sie die positiven
Aspekte ihrer Partnerschaft wiederentdecken und ihre Bindung stärken.

Die Rolle der Dankbarkeit für die mentale Gesundheit

Dankbarkeit spielt eine bedeutende Rolle für die mentale Gesundheit,
indem sie positive Emotionen fördert und das allgemeine Wohlbefinden
steigert. Die Praxis der Dankbarkeit lenkt die Aufmerksamkeit auf das
Positive im Leben, was zu einer Zunahme von Glück und Zufriedenheit
führen kann. Dankbarkeit ist nicht nur ein Gefühl, sondern auch eine
Haltung, die das Hier und Jetzt annimmt und das Wohlbefinden sowohl
auf psychischer als auch physischer Ebene positiv beeinflusst.

Dankbarkeit aktiviert bestimmte Gehirnregionen, die mit positiven
Emotionen und sozialer Bindung verbunden sind, was zu einer
Reduktion von Stress und Angst führen kann. Studien haben gezeigt,
dass Menschen, die regelmäßig Dankbarkeitsübungen durchführen,
weniger häufig an Depressionen oder Burnout leiden und eine bessere
Schlafqualität aufweisen. Eine bekannte Studie von Emmons und
McCullough fand heraus, dass Teilnehmer, die Dankbarkeitstagebücher
führten, signifikant mehr Optimismus und Lebensfreude berichteten
als andere Gruppen.

Dankbarkeit fördert auch positive soziale Interaktionen und stärkt
Beziehungen. Dankbare Menschen sind oft freundlicher, hilfsbe-
reiter und mitfühlender, was zu mehr sozialer Unterstützung und
weniger Konflikten in ihren Beziehungen führt. Darüber hinaus kann
Dankbarkeit die Resilienz gegenüber Stress und Herausforderungen
erhöhen, indem sie hilft, sich auf das Gute im Leben zu konzentrieren
und positive Emotionen zu kultivieren.

Insgesamt zeigt die Forschung, dass Dankbarkeit eine kraftvolle
Ressource für die Förderung der psychischen Gesundheit ist. Sie kann

durch einfache Praktiken wie das Führen eines Dankbarkeitstagebuchs oder regelmäßige Dankbarkeitsmeditationen kultiviert werden, was langfristig zu einem erfüllteren und gesünderen Leben führen kann.

Praktische Übungen zur Wertschätzung

Praktische Übungen zur Wertschätzung können ebenfalls eine entscheidende Rolle dabei spielen, Genügsamkeit in Beziehungen zu fördern.

- **Dankbarkeitsbriefe:** Eine häufig empfohlene Übung ist das Schreiben von Dankbarkeitsbriefen. Diese Briefe ermöglichen es Partnern, ihre Gefühle auf eine tiefere und bedeutungsvollere Weise auszudrücken. **Beispiel:** Als Beispiel dient das Paar Julia und Max, die beschlossen, sich einmal im Monat Briefe zu schreiben, in denen sie ihre Dankbarkeit füreinander ausdrücken. Diese Briefe wurden zu wertvollen Erinnerungsstücken, die sie in schwierigen Zeiten ermutigten und an die Stärken ihrer Beziehung erinnerten.

- **Tägliche Reflexion:** Eine weitere Übung ist die tägliche Reflexion, bei der Partner sich Zeit nehmen, um über Momente nachzudenken, in denen sie ihrem Partner dankbar waren. Diese Praxis fördert das Bewusstsein für die positiven Aspekte der Beziehung und hilft, diese zu schätzen. **Beispiel:** Das Paar Sarah und Leon spricht jeden Abend beim Abendessen darüber, wofür sie an diesem Tag dankbar sind. Diese einfache Gewohnheit hat ihre Kommunikation verbessert und ihnen geholfen, sich stärker miteinander verbunden zu fühlen.

- **Drei-Schritte-Methode:** Diese Methode, die das Benennen von Wahrnehmung, Gefühl und Bedürfnis beinhaltet, kann ebenfalls hilfreich sein. Diese Methode fördert eine klare Kommunikation und hilft, Missverständnisse zu vermeiden. **Beispiel:** Zum Beispiel wendet das Paar Mia und Jonas diese Methode an, um Konflikte zu lösen. Indem sie klar kommunizieren, was sie wahrgenommen haben, wie sie sich dabei gefühlt haben und welches Bedürfnis dadurch erfüllt wurde, konnten sie viele Missverständnisse klären und ihre Beziehung stärken.

- **Dankbarkeitsrituale:** Gemeinsame Dankbarkeitsrituale, wie das tägliche Teilen von drei Dingen, für die man dankbar ist, können ebenfalls das Gefühl der Verbundenheit und des gemeinsamen Wachstums fördern.
Beispiel: Ein Beispiel hierfür ist das Paar Mara und Ben, die jeden Morgen beim Frühstück drei Dinge teilen, für die sie dankbar sind. Dieses Ritual hat nicht nur ihre Beziehung gestärkt, sondern auch ihre individuelle Zufriedenheit erhöht.

Insgesamt zeigt sich, dass Genügsamkeit in Beziehungen durch die Praxis von Dankbarkeit und Wertschätzung erheblich gefördert werden kann. Diese Praktiken tragen dazu bei, eine Kultur der Dankbarkeit zu etablieren, die das Wohlbefinden und die Zufriedenheit beider Partner steigert. Sie helfen, die positiven Aspekte der Beziehung zu betonen und eine tiefere emotionale Verbindung zu schaffen, die auch in schwierigen Zeiten Bestand hat.

Tiefe Verbindungen durch Genügsamkeit

Genügsamkeit in Beziehungen ist ein Konzept, das oft unterschätzt wird, aber von entscheidender Bedeutung für die Tiefe und Qualität unserer zwischenmenschlichen Verbindungen ist. In einer Welt, die von ständiger Beschleunigung und Ablenkung geprägt ist, kann die Fokussierung auf Qualität statt Quantität in Beziehungen helfen, tiefere und erfüllendere Verbindungen zu schaffen. Dies erfordert eine bewusste Entscheidung, sich auf das Wesentliche zu konzentrieren und die Beziehung durch Kommunikation und Empathie zu stärken.

Qualität statt Quantität in Beziehungen

Qualität statt Quantität in Beziehungen bedeutet, dass es nicht nur darauf ankommt, viel Zeit miteinander zu verbringen, sondern diese Zeit bewusst und intensiv zu nutzen. Quality Time ist ein Schlüsselkonzept, das Paaren helfen kann, ihre Beziehung zu stärken. Es geht darum, sich in der gemeinsamen Zeit vollkommen auf den Partner zu konzentrieren und eine emotionale Verbindung herzustellen, ohne von äußeren Einflüssen abgelenkt zu werden. Selbst kurze Momente der intensiven Aufmerksamkeit können eine tiefere Verbundenheit schaffen als stundenlange, oberflächliche Begegnungen.

Ein Beispiel für die Umsetzung von Quality Time in der Praxis ist das Paar Daniela und Tom. Sie haben festgestellt, dass ihre abendlichen Gespräche oft von Smartphones und Fernsehern unterbrochen wurden. Um dem entgegenzuwirken, haben sie beschlossen, jeden Abend eine Stunde ohne Technologie zu verbringen, in der sie sich nur aufeinander konzentrieren. Diese bewusste Entscheidung hat ihnen geholfen, ihre Gespräche zu vertiefen und ein besseres Verständnis füreinander zu entwickeln.

Kommunikation und Empathie

Kommunikation und Empathie sind weitere wesentliche Elemente, die zur Tiefe von Beziehungen beitragen. Empathie ermöglicht es uns, die Perspektive des Partners zu verstehen und auf seine Bedürfnisse einzugehen. Sie ist ein Schlüssel zu erfolgreichen zwischenmenschlichen Beziehungen und einer bereichernden Kommunikation. Durch empathische Kommunikation können Missverständnisse vermieden und Konflikte konstruktiv gelöst werden. Empathie fördert eine Atmosphäre des Vertrauens und der Offenheit, in der sich beide Partner wohlfühlen, ihre Meinungen zu äußern und ihre Bedürfnisse zu kommunizieren.

Als Beispiel betrachten wir das Ehepaar Clara und Jan, die in ihrer Beziehung immer wieder aneinander vorbeiredeten. Durch eine Beratung lernten sie, empathischer zuzuhören und sich in die Lage des anderen zu versetzen. Diese Fähigkeit half ihnen, ihre Kommunikation zu verbessern und Missverständnisse zu reduzieren. Sie entwickelten die Gewohnheit, regelmäßig Feedback-Gespräche zu führen, um Erwartungen abzustimmen und ihre Beziehung zu stärken.

FAZIT: Zusammenfassend lässt sich sagen, dass Genügsamkeit in Beziehungen durch die Fokussierung auf Qualität statt Quantität, die

Förderung von Kommunikation und Empathie sowie die Praxis der Dankbarkeit erreicht werden kann. Diese Elemente tragen dazu bei, tiefere und erfüllendere Verbindungen zu schaffen, die nicht nur die Zufriedenheit und das Wohlbefinden der Partner steigern, sondern auch die Resilienz der Beziehung stärken. Indem Paare bewusst an diesen Aspekten arbeiten, können sie eine starke und intime Beziehung aufbauen, die den Herausforderungen des Alltags standhält.

KAPITEL 7: Genügsamkeit und Gesundheit

Genügsamkeit und Gesundheit sind zwei Konzepte, die sich hervorragend ergänzen, um ein ausgeglichenes und erfülltes Leben zu fördern. In einer Welt, die oft von Überfluss, Stress und ständiger Erreichbarkeit geprägt ist, kann ein genügsamer Lebensstil helfen, den Fokus auf das Wesentliche zu lenken und dadurch sowohl körperliches als auch geistiges Wohlbefinden zu verbessern.

Einfache Wege zu einem gesunden Leben

Genügsamkeit ist ein wertvoller Ansatz für ein gesundes Leben. Dieser Ansatz umfasst einfache Wege zu einem gesunden Leben, insbesondere durch bewusste Ernährung, regelmäßige Bewegung, effektive Stressbewältigung und gezielte Entspannung.

Durch einfache Ernährungs- und Bewegungsgewohnheiten sowie effektive Stressbewältigungs- und Entspannungstechniken kann man nicht nur die körperliche Gesundheit verbessern, sondern auch das geistige Wohlbefinden fördern. Indem man sich auf das Wesentliche konzentriert und unnötigen Ballast abwirft, kann man ein erfülltes und gesundes Leben führen.

Ernährung

Genügsamkeit in der Ernährung bedeutet, sich auf einfache, natürliche und unverarbeitete Lebensmittel zu konzentrieren. Anstatt den neuesten Diättrends oder exotischen Superfoods nachzujagen, geht es darum, eine ausgewogene und nachhaltige Ernährungsweise zu pflegen. Diese basiert auf frischen Zutaten, die leicht zugänglich und oft kostengünstiger sind als stark verarbeitete Lebensmittel. Eine solche Ernährung ist nicht nur gut für den Körper, sondern auch für die Umwelt, da sie oft mit einem geringeren ökologischen Fußabdruck verbunden ist.

Ein praktisches Beispiel ist die mediterrane Ernährung, die sich durch den Verzehr von viel Obst, Gemüse, Vollkornprodukten, gesunden Fetten wie Olivenöl und moderaten Mengen an Fisch und Fleisch auszeichnet. Diese Ernährungsweise hat sich als besonders vorteilhaft für die Herzgesundheit erwiesen und wird mit einer höheren Lebenserwartung in Verbindung gebracht.

Durch den Fokus auf Qualität statt Quantität kann man nicht nur die Gesundheit verbessern, sondern auch die Freude am Essen wiederentdecken. Ein einfaches Gericht aus frischen Tomaten, Olivenöl und Basilikum auf Vollkornbrot kann ebenso befriedigend und nährstoffreich sein wie aufwändigere Mahlzeiten.

Bewegung

Bewegung ist ein weiterer wichtiger Bestandteil eines genügsamen und gesunden Lebensstils. Dabei muss es nicht immer das teure Fitnessstudio oder die neueste Sportausrüstung sein. Genügsamkeit in der Bewegung bedeutet, einfache und regelmäßige körperliche Aktivitäten in den Alltag zu integrieren. Aktivitäten wie Spaziergänge, Radfahren oder Yoga sind hervorragende Möglichkeiten, um fit zu bleiben, ohne großen finanziellen Aufwand. Diese Aktivitäten sind nicht nur gut für den Körper, sondern auch für den Geist, da sie Entspannung und Stressabbau fördern.

Ein gutes Beispiel ist das tägliche Spazierengehen, das leicht in den Alltag integriert werden kann. Ob es sich um einen Spaziergang in der Mittagspause, einen abendlichen Rundgang durch die Nachbarschaft oder auch eine Wanderung am Wochenende handelt, diese Aktivitäten verbessern die kardiovaskuläre Gesundheit, stärken die Muskulatur und fördern das allgemeine Wohlbefinden. Zudem bieten sie die Möglichkeit, die Natur zu genießen und zugleich den Kopf freizubekommen.

Stressbewältigung

In unserer hektischen Welt ist Stress ein allgegenwärtiges Problem, das sowohl die körperliche als auch die geistige Gesundheit beeinträchtigen kann. Genügsamkeit kann helfen, Stress zu reduzieren, indem sie den Fokus auf das Wesentliche lenkt und unnötige Belastungen vermeidet. Ein genügsamer Lebensstil fördert die Achtsamkeit und hilft, im Moment zu leben, anstatt sich ständig um die Zukunft oder die Vergangenheit zu sorgen.

Achtsamkeitspraktiken wie Meditation, tiefes Atmen oder das bewusste Erleben des Augenblicks sind einfache und effektive Methoden zur Stressbewältigung. Diese Techniken erfordern keine spezielle Ausrüstung oder teure Kurse und können jederzeit und überall praktiziert werden. Sie helfen, den Geist zu beruhigen, die Konzentration zu verbessern und die emotionale Resilienz zu stärken, was zu einer insgesamt besseren Lebensqualität führt.

Ein weiteres Beispiel für genügsame Stressbewältigung ist das bewusste Setzen von Prioritäten und das Erlernen des Nein-Sagens. Indem man sich auf die wichtigen Aufgaben konzentriert und überflüssige Verpflichtungen ablehnt, kann man den Stresspegel erheblich senken.

Diese Art der Selbstfürsorge ist entscheidend für die Erhaltung der Gesundheit und des Wohlbefindens.

Entspannung

Entspannung ist ein wesentlicher Bestandteil eines gesunden Lebensstils und kann durch genügsame Praktiken erreicht werden. Dazu gehören einfache Aktivitäten wie das Lesen eines Buches, das Hören von Musik oder das Genießen eines entspannenden Bades. Diese Momente der Ruhe und des Rückzugs sind wichtig, um Körper und Geist zu regenerieren und die Auswirkungen von Stress zu mildern.

Ein Beispiel ist die Praxis des „digitalen Detox", bei dem man bewusst Zeit ohne elektronische Geräte verbringt. Dies kann helfen, die ständige Informationsflut zu reduzieren und den Geist zu beruhigen. Ein Abend ohne Bildschirme, an dem man sich stattdessen einem Hobby widmet oder Zeit mit der Familie verbringt, kann Wunder für die mentale Gesundheit bewirken.

Die Rolle der Achtsamkeit für die Gesundheit

Die Rolle der Achtsamkeit in unserem Leben hat in den letzten Jahren zunehmend an Bedeutung gewonnen, insbesondere in Bezug auf die Förderung von Gesundheit und Wohlbefinden.

Achtsamkeit ist die Praxis, im gegenwärtigen Moment präsent zu sein und die eigenen Gedanken, Gefühle und körperlichen Empfindungen ohne Urteil wahrzunehmen. Diese Praxis kann durch verschiedene Techniken und Übungen vertieft werden, die sowohl die geistige als auch die körperliche Gesundheit unterstützen.

Achtsamkeitstechniken und Meditation

Achtsamkeitstechniken umfassen eine Vielzahl von Übungen, die darauf abzielen, die Aufmerksamkeit auf den gegenwärtigen Moment zu lenken und eine bewusste Wahrnehmung zu fördern. Eine der bekanntesten Techniken ist die Meditation, die in vielen Formen praktiziert werden kann, wie zum Beispiel:

- **Bodyscan:** Der „Bodyscan" ist eine Meditationsform, bei der man mental durch den Körper geht und die verschiedenen Empfindungen wahrnimmt, ohne sie zu bewerten. Diese Praxis hilft, ein tieferes Bewusstsein für den eigenen Körper zu entwickeln und kann Stress reduzieren.
- **Yoga:** Yoga ist eine weitere Methode, die Achtsamkeit mit Bewegung kombiniert. In einer typischen Yoga-Stunde werden Körperhaltungen (Asanas), Atemtechniken und Meditationsphasen integriert, um einen Zustand der Entspannung und des inneren Gleichgewichts zu erreichen. Studien haben gezeigt, dass Yoga nicht nur das körperliche Wohlbefinden steigert, sondern auch den Blutdruck regulieren und das Stressempfinden reduzieren kann.

Meditation hat nachweislich positive Auswirkungen auf das Gehirn, indem sie die Aufmerksamkeit schärft und die Fähigkeit zur emotionalen Regulation verbessert. Regelmäßiges Meditieren kann dazu führen, dass man weniger gestresst ist und besser mit schwierigen Emotionen umgehen kann. Diese Effekte sind auf Veränderungen in der

Gehirnstruktur zurückzuführen, die durch die Praxis der Achtsamkeit hervorgerufen werden.

Achtsamkeitsmeditation

Die Achtsamkeitsmeditation ist eine sanfte und doch kraftvolle Praxis, die uns einlädt, in den gegenwärtigen Moment einzutauchen und das Leben in seiner vollen Tiefe zu erfahren. Diese meditative Reise kann uns helfen, den Geist zu beruhigen, den Körper zu entspannen und das Herz zu öffnen.

Im Folgenden findest du eine ausführliche Anleitung, um diese Praxis mit Achtsamkeit und Hingabe zu erleben:

1. **Vorbereitung**
   - **Der heilige Raum:** Beginne damit, einen ruhigen und friedlichen Ort zu finden, der frei von Ablenkungen ist. Dies könnte ein stilles Zimmer, ein sonniger Platz im Garten oder ein gemütlicher Winkel in deinem Zuhause sein. Schaffe eine Atmosphäre, die dich inspiriert und beruhigt – vielleicht mit einer Kerze, sanfter Musik oder einem angenehmen Duft.
   - **Die Haltung des Körpers:** Setze dich bequem auf ein Kissen oder einen Stuhl, mit einer aufrechten, aber entspannten Wirbelsäule. Deine Hände können sanft auf den Knien oder im Schoß ruhen. Die Haltung sollte stabil und würdevoll sein, als würdest du einen inneren Thron einnehmen, der dich in deiner Praxis unterstützt.
   - **Die Zeit der Stille:** Bestimme die Dauer deiner Meditation. Für den Anfang können 5 bis 10 Minuten genügen, während erfahrene Meditierende oft 20 bis 30 Minuten oder länger verweilen. Nutze eine sanfte Erinnerung, wie einen Gong oder eine Klangschale, um die Zeit zu markieren.

2. **Durchführung**
   - **Das Ankommen im Moment:** Schließe sanft deine Augen oder senke den Blick. Beginne mit ein paar tiefen Atemzügen, die dich in den gegenwärtigen Moment einladen. Spüre, wie sich dein Brustkorb hebt und senkt, und lass mit jedem Ausatmen Anspannung und Sorgen los.

- **Der Atem als Anker:** Lenke deine Aufmerksamkeit auf den natürlichen Fluss deines Atems. Spüre die kühle Luft, die durch deine Nasenlöcher einströmt, und die warme Luft, die ausströmt. Lass den Atem sein, wie er ist, ohne ihn zu verändern. Er ist dein Anker in der Gegenwart.

- **Das Spiel der Gedanken:** Gedanken, Geräusche und Empfindungen mögen auftauchen wie Wellen im Ozean. Begrüße sie mit Freundlichkeit, ohne dich in ihnen zu verlieren. Stelle dir vor, sie ziehen wie Wolken am Himmel vorbei, während du sanft deine Aufmerksamkeit zum Atem zurückführst.

- **Die Reise durch den Körper:** Nach einigen Minuten kannst du deine Aufmerksamkeit auf eine achtsame Körperreise lenken. Beginne bei deinen Füßen und bewege dich langsam nach oben bis zum Scheitel. Nimm jede Empfindung wahr, sei es Wärme, Kälte, Kribbeln oder Spannung, und begrüße sie mit Akzeptanz.

- **Die Einladung der Gefühle:** Wenn du bereit bist, richte deine Aufmerksamkeit auf die Gefühle, die in dir präsent sind. Vielleicht spürst du Freude, Traurigkeit, Ruhe oder Unruhe. Erlaube dir, diese Emotionen zu fühlen, ohne sie zu verändern oder zu bewerten. Sie sind Teil deiner menschlichen Erfahrung.

- **Der Abschluss in Dankbarkeit:** Bevor du die Meditation beendest, nimm dir einen Moment, um Dankbarkeit für diese Zeit der Selbstfürsorge zu empfinden. Atme tief ein und aus, öffne langsam deine Augen und kehre mit einem Gefühl der Erneuerung und Klarheit in den Raum zurück.

3. Nach der Meditation

- **Die Reflexion des Erlebten:** Nimm dir etwas Zeit, um über deine Erfahrung nachzudenken. Wie fühlst du dich jetzt im Vergleich zu Beginn der Meditation? Welche Entdeckungen hast du gemacht?

- **Die Integration der Achtsamkeit:** Versuche, die Achtsamkeit aus der Meditation in deinen Alltag zu integrieren. Sei dir deiner Gedanken, Gefühle und Handlungen im Laufe des Tages bewusst. Kehre, wenn nötig, zu deinem Atem zurück, um dich zu zentrieren und im Moment zu verweilen.

Diese achtsame Praxis kann regelmäßig geübt werden, um das Bewusstsein zu schärfen und das allgemeine Wohlbefinden zu fördern. Mit der Zeit wirst du feststellen, dass du mit mehr Gelassenheit und Präsenz durch den Alltag gehst, bereit, das Leben in seiner ganzen Fülle zu umarmen.

Achtsamkeitsübungen für den Alltag

Achtsamkeitsübungen lassen sich leicht in den Alltag integrieren und können helfen, Stress zu bewältigen und das allgemeine Wohlbefinden zu steigern. Hier einige Beispiele:

- Eine einfache Übung ist der „**achtsame Morgen**", bei dem man nach dem Aufwachen einige Minuten in Ruhe verbringt, um den Tag bewusst zu beginnen. Diese Praxis kann helfen, den Tag mit Klarheit und Fokus zu starten.
- Eine weitere Übung ist die „**mentale Auszeit**", bei der man sich in stressigen Momenten kurz zurückzieht, um sich auf positive Gedanken zu konzentrieren. Dies kann helfen, den Fokus von negativen Emotionen abzulenken und eine positive Grundhaltung zu fördern.
- Das **bewusste Atmen** ist eine grundlegende Achtsamkeitsübung, die überall praktiziert werden kann. Indem man sich auf den Atem konzentriert, kann man den Geist beruhigen und eine Verbindung zum gegenwärtigen Moment herstellen. Diese Praxis ist besonders nützlich, um in stressigen Situationen Ruhe zu bewahren.

Fallstudien

Die positiven Auswirkungen von Achtsamkeit sind in vielen persönlichen Berichten und wissenschaftlichen Studien dokumentiert, wie zum Beispiel:

- Eine **Studie** zur Achtsamkeit am Arbeitsplatz zeigte, dass regelmäßige Achtsamkeitspraxis die Krankheitskosten senken und die Produktivität der Mitarbeiter steigern kann. Unternehmen wie Google und SAP haben Achtsamkeitstrainings in ihre Programme integriert, um das Wohlbefinden ihrer Mitarbeiter zu fördern.

- **Persönliche Berichte** von Menschen, die Achtsamkeit in ihr Leben integriert haben, zeigen ähnliche positive Effekte. Ein Teilnehmer einer Fallstudie berichtet, dass er durch tägliche Meditation gelassener und weniger gestresst ist, was sich positiv auf seine Beziehungen und seine Gesundheit auswirkt.

Diese Fallstudien verdeutlichen, dass Achtsamkeit nicht nur ein Werkzeug zur Stressbewältigung ist, sondern auch das Potenzial hat, das gesamte Leben zu bereichern.

FAZIT: Zusammenfassend lässt sich sagen, dass Achtsamkeit eine kraftvolle Praxis ist, die sowohl die geistige als auch die körperliche Gesundheit fördern kann. Durch die Integration von Achtsamkeitstechniken und Meditation in den Alltag kann man lernen, bewusster zu leben und mit den Herausforderungen des Lebens besser umzugehen. Die zahlreichen Erfolgsgeschichten und wissenschaftlichen Belege unterstreichen die Bedeutung von Achtsamkeit als Mittel zur Förderung von Resilienz und Wohlbefinden.

KAPITEL 8: Genügsamkeit im digitalen Zeitalter

Im digitalen Zeitalter sind wir ständig von Bildschirmen umgeben, sei es durch Smartphones, Tablets, Computer oder Fernseher. Diese Geräte bieten uns Zugang zu Informationen, Unterhaltung und sozialen Netzwerken, aber sie können auch negative Auswirkungen auf unsere Gesundheit und unser Wohlbefinden haben. Eine digitale Entgiftung kann dabei helfen, diese negativen Effekte zu minimieren und eine gesündere Beziehung zur Technologie zu entwickeln.

Digitale Entgiftung

Die Notwendigkeit einer digitalen Entgiftung ergibt sich aus der allgegenwärtigen Nutzung digitaler Geräte, die oft zu Stress, Konzentrationsproblemen und Schlafstörungen führen kann. Viele Menschen berichten von einer ständigen Erreichbarkeit und dem Druck, immer auf dem Laufenden zu bleiben, was zu einer Überlastung führen kann. Eine digitale Entgiftung bietet die Möglichkeit, sich bewusst von dieser ständigen Vernetzung zu lösen und wieder mehr Kontrolle über die eigene Zeit und Aufmerksamkeit zu gewinnen.

Strategien für eine gesunde digitale Nutzung

Um eine gesunde digitale Nutzung zu fördern, ist es wichtig, ein Bewusstsein für das eigene Nutzungsverhalten zu entwickeln. Viele Menschen sind sich nicht bewusst, wie viel Zeit sie tatsächlich vor Bildschirmen verbringen. Die Nutzung von Apps zur Überwachung der Bildschirmzeit kann hier hilfreich sein, um ein klares Bild der eigenen Gewohnheiten zu bekommen und notwendige Anpassungen vorzunehmen.

Ein weiterer Schritt zur Förderung einer gesunden digitalen Nutzung ist die Entwicklung und Aneignung neuer Gewohnheiten. Dazu gehört beispielsweise das Deaktivieren von Push-Benachrichtigungen, um

Ablenkungen zu minimieren und sich besser auf wichtige Aufgaben konzentrieren zu können.

Ebenso kann das Einplanen regelmäßiger Offline-Zeiten dazu beitragen, eine Balance zwischen digitaler und analoger Welt zu finden. Ein Beispiel hierfür könnte ein „digitalfreier Sonntag" sein, an dem man bewusst auf die Nutzung digitaler Geräte verzichtet und stattdessen Aktivitäten im Freien oder mit der Familie plant.

Gemeinschaftliche Ansätze zur digitalen Entgiftung können ebenfalls sehr effektiv sein. Wenn man diese Erfahrung mit Freunden oder der Familie teilt, entsteht eine unterstützende Umgebung, in der man sich gegenseitig motivieren und Erfahrungen austauschen kann.

Ein Beispiel hierfür ist eine gemeinsame Challenge, bei der alle Beteiligten versuchen, ihre Bildschirmzeit für einen bestimmten Zeitraum zu reduzieren und sich regelmäßig über ihre Fortschritte austauschen.

Langfristig gesehen bietet die digitale Entgiftung zahlreiche Vorteile. Sie fördert nicht nur die mentale und körperliche Gesundheit, sondern verbessert auch die Produktivität und die Qualität zwischenmenschlicher Beziehungen. Durch die bewusste Reduzierung der Bildschirmzeit entsteht Raum für kreative Aktivitäten und persönliche Reflexion, was zu einer insgesamt gesünderen Work-Life-Balance führt.

Ein Beispiel für einen solchen langfristigen Vorteil ist die Erfahrung einer Person, die nach einer erfolgreichen digitalen Entgiftung berichtet, dass sie sich weniger gestresst fühlt, mehr Zeit für ihre Hobbys hat und ihre Beziehungen zu Freunden und Familie gestärkt hat.

Insgesamt ist die digitale Entgiftung ein wertvolles Werkzeug, um die negativen Auswirkungen der ständigen digitalen Vernetzung zu reduzieren. Sie ermöglicht es uns, achtsamer mit unserer Zeit umzugehen und eine gesündere Beziehung zur Technologie zu entwickeln. Indem wir bewusst Pausen von digitalen Medien einlegen und gesunde Nutzungsgewohnheiten entwickeln, können wir nicht nur Stress abbauen, sondern auch unsere Lebensqualität insgesamt verbessern. Dies ist ein wichtiger Schritt hin zu mehr Achtsamkeit und Genügsamkeit im digitalen Zeitalter.

Maßnahmen zur Reduzierung der Bildschirmzeit

Ein wesentlicher Aspekt der digitalen Entgiftung ist die Reduzierung der Bildschirmzeit. Dies kann auf verschiedene Weisen geschehen.

Ein Beispiel ist die Einführung bildschirmfreier Zonen im eigenen zuhause. So könnte man das Schlafzimmer oder den Esstisch als Bereiche definieren, in denen keine digitalen Geräte erlaubt sind. Diese physischen Grenzen helfen dabei, den Fokus auf zwischenmenschliche Interaktionen zu lenken und fördern eine bessere Schlafqualität, da das blaue Licht von Bildschirmen den Schlaf-Wach-Rhythmus stören kann.

Ein weiteres Beispiel für eine erfolgreiche digitale Entgiftung ist die Integration von Offline-Aktivitäten in den Alltag. Dies könnte bedeuten, regelmäßig Spaziergänge zu machen, ein neues Hobby zu erlernen oder soziale Treffen zu organisieren, bei denen digitale Geräte bewusst außen vorgelassen werden. Solche Aktivitäten bieten nicht nur eine willkommene Abwechslung, sondern fördern auch die persönliche Entwicklung und Entspannung.

Medienpausen sind ebenfalls eine effektive Strategie zur Reduzierung der Bildschirmzeit. Diese Pausen können helfen, den Geist zu entspannen und die Konzentration zu verbessern. Ein praktisches Beispiel ist das Einlegen von festen „bildschirmfreien" Stunden am Abend, um den Tag ruhig ausklingen zu lassen und sich auf den bevorstehenden Schlaf vorzubereiten.

Maßnahmen für Kinder zur Reduzierung der Bildschirmzeit

Um Kinder dazu zu motivieren, weniger Zeit vor Bildschirmen zu verbringen, können verschiedene konkrete Maßnahmen ergriffen werden. Diese Maßnahmen zielen darauf ab, gesunde Gewohnheiten zu fördern und alternative Aktivitäten anzubieten, die das Interesse der Kinder wecken und sie von digitalen Medien ablenken.

Eine der effektivsten Methoden ist es, mit einem gutem Beispiel voranzugehen. Eltern, die ihre eigene Bildschirmnutzung bewusst einschränken und kontrollieren, zeigen dadurch ihren Kindern, dass es möglich und wichtig ist, eine Balance zwischen der digitalen und analogen Welt zu finden. Kinder neigen dazu, das Verhalten ihrer Eltern nachzuahmen, weshalb es entscheidend ist, dass diese als Vorbilder für die Kinder agieren.

Ein weiterer Ansatz ist die Schaffung von bildschirmfreien Zonen und Zeiten im Haushalt. Beispielsweise können Eltern festlegen, dass während der Mahlzeiten oder vor dem Schlafengehen keine Bildschirme genutzt werden dürfen. Diese festen Regeln helfen, die Bildschirmzeit zu reduzieren und fördern gleichzeitig die Kommunikation innerhalb der Familie.

Alternative Aktivitäten anzubieten, ist ebenfalls eine wirksame Strategie. Kinder sollten ermutigt werden, sich an Aktivitäten zu beteiligen, die ihre körperliche Bewegung und Kreativität fördern. Dazu zählen Sport im Verein, das Erlernen eines Instruments oder gemeinsame Ausflüge mit der Familie. Solche Aktivitäten bieten nicht nur Abwechslung, sondern stärken auch die sozialen Fähigkeiten der Kinder.

Ein Mediennutzungsvertrag kann helfen, klare Regeln für die Bildschirmnutzung festzulegen. Solche Verträge können gemeinsam mit den Kindern erarbeitet werden, um sicherzustellen, dass sie die Regeln verstehen und akzeptieren. Dies fördert ein Bewusstsein für gesunde Mediennutzung und gibt den Kindern ein Gefühl der Verantwortung.

Gemeinsame digitale Entgiftungsphasen mit der Familie oder Freunden können ebenfalls motivierend sein. Durch die Teilnahme an einer solchen Challenge entsteht eine unterstützende Umgebung, in der sich alle gegenseitig motivieren und über ihre Erfahrungen austauschen können.

Schließlich ist es wichtig, den Kindern altersgerechte und ausgewählte Medieninhalte anzubieten. Dies bedeutet, dass Eltern darauf achten sollten, welche Inhalte ihre Kinder konsumieren und sicherstellen, dass diese sowohl unterhaltsam als auch lehrreich sind. Die Auswahl von qualitativ hochwertigen Inhalten kann dazu beitragen, dass Kinder lernen, Medien sinnvoll zu nutzen, anstatt sie nur passiv zu konsumieren.

Insgesamt erfordert die Reduzierung der Bildschirmzeit bei Kindern einen bewussten und ganzheitlichen Ansatz, der sowohl die Vorbildfunktion der Eltern als auch die Schaffung eines anregenden und unterstützenden Umfelds umfasst.

Tipps für den digitalen Minimalismus

Digitaler Minimalismus bedeutet, den Einsatz digitaler Technologien kritisch zu hinterfragen und sich auf die Tools zu konzentrieren, die wirklich Mehrwert bieten.

Organisation und Entrümpelung digitaler Geräte

Eine effektive Methode ist die Organisation und Entrümpelung digitaler Geräte. Dazu gehört, unnötige Apps zu löschen, Benachrichtigungen zu deaktivieren und regelmäßige digitale Pausen einzulegen. Diese Maßnahmen tragen dazu bei, das digitale Rauschen zu reduzieren und die Konzentration auf wesentliche Aufgaben zu verbessern.

Ein weiterer praktischer Tipp ist die Einführung von Offline-Zeitblöcken, in denen bewusst auf digitale Geräte verzichtet wird. Diese Zeit kann genutzt werden, um sich auf kreative oder entspannende Aktivitäten zu konzentrieren, wie das Lesen eines Buches oder das Ausüben von Meditation.

Erfolgreiche digitale Entgiftungsprojekte

Ein Beispiel für die erfolgreiche Umsetzung digitaler Minimalismus-Praktiken ist das Konzept der „Digital Detox"-Urlaube. Diese Urlaube bieten die Möglichkeit, sich vollständig von digitalen Medien zu lösen und sich auf die Natur und persönliche Erholung zu konzentrieren. In solchen Umgebungen wird der Empfang oft gestört oder das WLAN nur zu bestimmten Zeiten freigeschaltet, um den Gästen eine echte Auszeit zu ermöglichen.

Ein weiteres Beispiel ist die Anwendung der 20-20-20-Regel im Arbeitsalltag, bei der alle 20 Minuten für 20 Sekunden auf ein mindestens sieben Meter entferntes Ziel geblickt wird. Diese Regel hilft, die Augen zu entlasten und die Konzentration zu verbessern, indem sie regelmäßige Pausen von der Bildschirmarbeit fördert.

Während digitale Entgiftungsprojekte viele Vorteile bieten, wie die Verbesserung der mentalen Gesundheit und zwischenmenschlicher Beziehungen, können sie auch Herausforderungen mit sich bringen. Dazu gehört die Schwierigkeit, neue Routinen zu etablieren und die Angst, wichtige Informationen zu verpassen. Dennoch überwiegen die positiven Effekte, da Teilnehmer oft berichten, dass sie sich weniger gestresst fühlen und mehr Zeit für persönliche Interessen haben.

Insgesamt zeigen erfolgreiche digitale Entgiftungsprojekte, dass durch bewusste Entscheidungen und die Integration von Offline-Aktivitäten eine gesunde Balance zwischen digitaler und analoger Welt erreicht werden kann. Diese Projekte bieten wertvolle Einblicke und Strategien, um den digitalen Stress zu reduzieren und die Lebensqualität zu steigern.

Förderung von Digital-Detox-Programmen in Unternehmen

Mehrere Unternehmen weltweit haben die Bedeutung von Digital-Detox-Programmen erkannt und Initiativen eingeführt, um ihren Mitarbeitern zu helfen, digitale Überlastung zu bewältigen und ihr Wohlbefinden zu verbessern. Hier sind einige bemerkenswerte Beispiele:

- Die **Merck KGaA** aus Darmstadt in Deutschland ist proaktiv in der Förderung von Digital Detox durch seine „Mindfulness"-Initiative, die 2015 gestartet wurde. Dieses Programm zielt darauf ab, den Stress der Mitarbeiter zu reduzieren und die Work-Life-Balance zu verbessern, indem Achtsamkeitskurse angeboten werden und die Mitarbeiter ermutigt werden, bewusste Pausen von digitalen Geräten einzulegen. Das Unternehmen betont die Bedeutung klarer Grenzen und ermutigt die Mitarbeiter, sich außerhalb der Arbeitszeiten von arbeitsbezogenen Kommunikationsmitteln zu trennen.
- **Google** steht an der Spitze der Integration von Achtsamkeits- und Digital-Detox-Praktiken in seine Unternehmenskultur. Das Unternehmen bietet Achtsamkeitsschulungen an und ermutigt die

Mitarbeiter, ihren digitalen Konsum bewusst zu gestalten. Durch die Förderung einer Kultur des Gleichgewichts hilft Google seiner Belegschaft, den ständigen Zustrom digitaler Informationen zu bewältigen und mentale Klarheit zu bewahren.

- **SAP**, ein weiteres Technologieunternehmen, hat ähnliche Initiativen implementiert, um das digitale Wohlbefinden seiner Mitarbeiter zu fördern. Das Unternehmen stellt Ressourcen und Schulungen zur Verfügung, um den Mitarbeitern zu helfen, ihre digitalen Gewohnheiten zu managen und die Bildschirmzeit zu reduzieren. Diese Bemühungen sind Teil einer umfassenderen Strategie zur Verbesserung des Wohlbefindens und der Produktivität der Mitarbeiter.
- **Tryangle** bietet maßgeschneiderte Digital-Detox-Programme für Organisationen an, die ihre Produktivität steigern möchten, indem sie digitale Arbeitsmittel effizienter nutzen. Ihr Ansatz umfasst interaktive Workshops, Gruppensitzungen und Coaching, um den Mitarbeitern zu helfen, von digitalem Stress zu digitalem Wohlbefinden zu gelangen. Diese Programme sind darauf ausgelegt, die digitale Kommunikation zu optimieren und ein gesünderes Arbeitsumfeld zu fördern.
- **Joyful Living** bietet Digital-Detox-Tage für Unternehmen an, mit Workshops, die den Mitarbeitern helfen, die Auswirkungen der digitalen Nutzung auf ihr Wohlbefinden zu verstehen. Diese Workshops sind anpassbar und können sowohl online als auch vor Ort durchgeführt werden, um den Teilnehmern Werkzeuge und Strategien zur Reduzierung des digitalen Konsums und zur Verbesserung ihrer Work-Life-Balance zu bieten.

Diese Unternehmen und Programme zeigen, wie Digital-Detox-Initiativen erfolgreich in Unternehmensstrategien zur Gesundheitsförderung integriert werden können, was zu verbessertem Wohlbefinden der Mitarbeiter, reduziertem Stress und erhöhter Produktivität führt. Indem sie eine Kultur fördern, die Gleichgewicht und mentale Gesundheit wertschätzt, können Organisationen eine engagiertere und effektivere Belegschaft schaffen.

FAZIT: Zusammenfassend lässt sich sagen, dass die Förderung von Offline-Aktivitäten und die Umsetzung digitaler Minimalismus-Praktiken entscheidend sind, um eine gesunde Balance zwischen Online- und Offline-Leben zu erreichen. Durch bewusste Entscheidungen und die Integration von Offline-Zeiten in den Alltag kann der digitale Stress reduziert und das Wohlbefinden gesteigert werden.

KAPITEL 9: Übungen zur Genügsamkeit

Genügsamkeit ist eine Lebensphilosophie, die uns dazu ermutigt, mit weniger zufrieden zu sein und das Wesentliche im Leben zu schätzen.

Tägliche Rituale

Durch die Integration von täglichen Ritualen können wir Genügsamkeit in unseren Alltag einfließen lassen und so ein erfüllteres Leben führen. Im Folgenden werden einige praktische Übungen und Fallbeispiele vorgestellt, die sich auf Morgen- und Abendrituale sowie auf Wochenend- und Feiertagsrituale konzentrieren.

Diese Rituale und Übungen zur Genügsamkeit helfen, ein einfacheres und erfüllteres Leben zu führen, indem sie den Fokus auf das Wesentliche legen und die Beziehungen zu sich selbst und anderen stärken. Sie zeigen, dass Genügsamkeit nicht Verzicht bedeutet, sondern eine bewusste Entscheidung für ein Leben voller Wertschätzung und Zufriedenheit.

Morgen- und Abendrituale

Ein Beispiel für ein Morgenritual, das Genügsamkeit fördert, ist die Praxis der Dankbarkeit. Stelle dir vor, du beginnst deinen Tag, indem du auf der Veranda sitzt und die Morgensonne genießt. Du nimmst dir bewusst fünf Minuten Zeit, um drei Dinge zu notieren, für die du dankbar bist. Vielleicht ist es die Stille des Morgens, die Wärme der Sonne auf deiner Haut oder die Vorfreude auf eine bevorstehende Begegnung mit einem Freund. Diese einfache Übung hilft dir, den Fokus auf das Positive zu lenken und den Tag mit einer optimistischen Einstellung zu beginnen.

Ein weiteres Morgenritual könnte eine Achtsamkeitsübung sein. Nehmen wir beispielsweise Eva, die jeden Morgen zehn Minuten meditiert, bevor sie zur Arbeit geht. Sie setzt sich in einen bequemen

Sessel, schließt die Augen und konzentriert sich auf ihren Atem. Diese Praxis hilft ihr, den Geist zu beruhigen und den Tag mit Klarheit und Gelassenheit zu beginnen. Eva merkt, dass sie durch diese Routine weniger gestresst ist und sich besser auf Aufgaben konzentrieren kann.

Am Abend kann ein Reflexionsritual helfen, den Tag abzuschließen und sich auf den nächsten vorzubereiten. Ulrich, ein vielbeschäftigter Projektmanager, nimmt sich jeden Abend Zeit, um in einem Tagebuch festzuhalten, was gut gelaufen ist und was er am nächsten Tag verbessern möchte. Diese Reflexion unterstützt sein persönliches Wachstum und fördert ein Gefühl der Zufriedenheit, da er die kleinen Erfolge des Tages bewusst wahrnimmt und würdigt.

Ein weiteres Abendritual könnte die Vorbereitung für den nächsten Tag sein. Claudia legt jeden Abend ihre Kleidung für den nächsten Tag bereit und erstellt eine kurze To-Do-Liste. Diese Vorbereitung hilft ihr, den Morgen stressfreier zu gestalten und gibt ihr ein Gefühl der Kontrolle über ihren Alltag. Sie fühlt sich dadurch morgens entspannter und startet organisierter in den Tag.

Wochenend- und Feiertagsrituale

An Wochenenden bietet sich die Gelegenheit, die Verbindung zur Natur zu stärken. Gernot und seine Familie verbringen jeden Samstagvormittag in einem nahegelegenen Wald. Du machst einen ausgedehnten Spaziergang, sammelst Blätter und beobachtest die Tiere. Diese Zeit in der Natur hilft dir, den Geist zu klären und eine tiefere Verbindung zur Umwelt herzustellen. Gernot berichtet, dass diese Ausflüge nicht nur seine körperliche Gesundheit fördern, sondern auch das emotionale Wohlbefinden seiner Familie stärken.

Ein weiteres Wochenendritual könnte die gemeinsame Zeit mit der Familie sein. Nehmen wir das Beispiel der Familie Hoffmann, die jeden Sonntagabend zusammen kocht und isst. Sie wechseln sich dabei ab, wer das Menü plant und die Zutaten auswählt. Diese gemeinsame Aktivität stärkt die familiären Bindungen und schafft wertvolle Erinnerungen. Die Familie Hoffmann schätzt diese Zeit, da sie ihnen ermöglicht, sich auszutauschen und die Woche gemeinsam ausklingen zu lassen.

An Feiertagen kann die Praxis des minimalistischen Schenkens eine wertvolle Übung in Genügsamkeit sein. Statt teure Geschenke zu kaufen, beschließt die Familie Schmidt, nur handgemachte Geschenke zu erstellen. Die Kinder basteln Karten und kleine Kunstwerke, während die Eltern selbstgemachte Marmelade und Kekse verschenken. Diese Praxis fördert die Kreativität und schätzt den wahren Wert des Schenkens, da die Geschenke von Herzen kommen und eine persönliche Note haben.

Ein weiteres Feiertagsritual könnte das gemeinsame Kochen sein. Die Familie Becker nutzt Feiertage, um zusammen in der Küche zu stehen und traditionelle Gerichte zuzubereiten. Diese Aktivität fördert die Zusammenarbeit und schafft eine Atmosphäre der Gemeinschaft und Freude. Die Beckers genießen nicht nur das leckere Essen, sondern auch die gemeinsame Zeit, die sie miteinander verbringen.

Kreative Aktivitäten und Hobbys

Kreative Aktivitäten, die Genügsamkeit und Fülle fördern, sind nicht nur eine Möglichkeit, sich kreativ auszudrücken, sondern auch, die Ressourcen, die wir haben, wertzuschätzen und die Schönheit in der Einfachheit zu finden. Diese Aktivitäten helfen uns, eine tiefere Verbindung zu uns selbst und zur Umwelt herzustellen.

Im Folgenden sind einige ausführliche Beispiele und Erklärungen, wie Handwerk, Kunst, Gartenarbeit und Naturerlebnisse Genügsamkeit und Fülle in unser Leben bringen können.

Handwerk und Kunst

- **Stricken und Häkeln:** Diese Handarbeiten sind mehr als nur ein Mittel, um Kleidung oder Accessoires herzustellen. Sie bieten eine Form der Entspannung und Meditation. Beim Stricken oder Häkeln konzentrieren wir uns auf die Wiederholung der Maschen, was beruhigend wirkt und Stress abbaut.
  Beispiel: Anstatt neues Material zu kaufen, stricke einen Schal aus Restgarnen. So kannst du aus vorhandenen Garnresten ein einzig-

artiges Stück schaffen, das nicht nur funktional, sondern auch ein Ausdruck deiner Kreativität ist. Diese Praxis lehrt uns, mit dem zufrieden zu sein, was wir haben, und die Fülle in der Vielfalt der Farben und Texturen zu erkennen.

- **Upcycling von Materialien:** Upcycling ist eine kreative Möglichkeit, alten oder ungenutzten Gegenständen neues Leben einzuhauchen. Dies könnte bedeuten, aus alten Kleidungsstücken neue Modeartikel zu kreieren oder aus einer alten Holzkiste ein Regal zu bauen. **Beispiel:** Ein Beispiel ist das Umgestalten von alten Glasflaschen zu dekorativen Vasen oder Lampen. Diese Praxis fördert Genügsamkeit, indem sie uns lehrt, den Wert in Dingen zu sehen, die wir bereits besitzen, und uns ermutigt, kreativ zu denken und Ressourcen zu schonen.
- **Malerei und Zeichnen:** Diese künstlerischen Ausdrucksformen ermöglichen uns, unsere Gefühle und Gedanken auf kreative Weise zu kommunizieren. Sie erfordern lediglich grundlegende Materialien wie Papier, Farben oder Bleistifte. Der Akt des Malens oder Zeichnens kann eine Form der Meditation sein, die uns hilft, im Moment zu leben und die Schönheit der Farben und Formen zu genießen. **Beispiel:** Erstelle ein Naturtagebuch, in dem du Pflanzen, Tiere oder Landschaften skizzierst. Diese Aktivität fördert Achtsamkeit und hilft, die Details der Welt um uns herum bewusster wahrzunehmen.

Gartenarbeit und Naturerlebnisse

- **Gemüsegarten anlegen:** Der Anbau eines eigenen Gemüsegartens ist ein hervorragendes Beispiel dafür, wie wir die Fülle der Natur nutzen können. Durch das Pflanzen, Pflegen und Ernten von Gemüse und Kräutern lernen wir Geduld und Respekt für den natürlichen Wachstumsprozess. Ein Beispiel ist das Anlegen eines kleinen Kräutergartens auf dem Balkon. Selbst auf kleinem Raum kannst du Kräuter wie Basilikum, Minze oder Petersilie anbauen, die deine Mahlzeiten bereichern und dir ein Gefühl der Selbstversorgung geben. Diese Praxis zeigt, dass Fülle oft in der Einfachheit und im Kreislauf der Natur zu finden ist.

- **Blumenarrangements aus dem eigenen Garten:** Das Sammeln und Arrangieren von Blumen aus dem eigenen Garten können eine kreative und erfüllende Tätigkeit sein. Es lehrt uns, die Schönheit in der Natur zu erkennen und zu schätzen. Diese Aktivität kann uns helfen, eine tiefere Verbindung zur Umwelt aufzubauen und die Fülle der Natur in unser Zuhause zu bringen. Ein Beispiel ist das Erstellen eines saisonalen Blumenstraußes, der die Vielfalt und Farbenpracht der jeweiligen Jahreszeit widerspiegelt.
- **Naturwanderungen und Waldbaden:** Diese Aktivitäten bieten die Möglichkeit, die Fülle der Natur in ihrer ganzen Pracht zu erleben. Ein Spaziergang durch den Wald oder das bewusste Verweilen in der Natur kann uns helfen, den Kopf freizubekommen und die Schönheit der Welt um uns herum zu schätzen. Waldbaden, eine Praxis, die aus Japan stammt, beinhaltet das bewusste Eintauchen in die Waldatmosphäre, um Stress abzubauen und das Wohlbefinden zu steigern. Diese Erlebnisse erinnern uns daran, dass Fülle nicht immer materiell ist, sondern auch in den Erfahrungen und Erinnerungen liegt, die wir sammeln.
- **Vogelbeobachtung:** Diese Aktivität erfordert Geduld und Achtsamkeit und bietet eine wunderbare Gelegenheit, die Vielfalt und Fülle der Natur zu erleben. Das Beobachten von Vögeln in ihrem natürlichen Lebensraum kann eine beruhigende und lehrreiche Erfahrung sein, die uns hilft, die kleinen Wunder der Natur zu schätzen. Ein Beispiel könnte das Führen eines Vogelbeobachtungstagebuchs sein, in dem du die verschiedenen Arten notierst, die du siehst, und deren Verhalten beobachtest.

Beispiele aus dem Alltag

Hier sind einige weitere Geschichten und Beispiele aus dem Alltag, die zeigen, wie kreative Hobbys unser Leben bereichern können.

- **Die Freude des Töpferns:** Nehmen wir das Beispiel von Lisa, einer alleinerziehenden Mutter, die das Töpfern als kreatives Hobby für sich entdeckt hat. Jeden Samstagmorgen verbringt sie ein paar Stunden in einem örtlichen Töpferstudio. Das Arbeiten mit Ton erfordert

Geduld und Konzentration, und Lisa genießt die meditative Ruhe, die diese Tätigkeit mit sich bringt. Sie formt Tassen und Schalen, die sie später glasiert und brennt. Für Lisa ist das Töpfern nicht nur eine Möglichkeit, ihrer Kreativität Ausdruck zu verleihen, sondern auch eine Form der Entspannung und Selbstfürsorge. Ihre Kinder sind oft dabei und gestalten ihre eigenen kleinen Kunstwerke, was die Aktivität zu einem schönen Familienerlebnis macht.

- **Fotowände als kreative Erinnerung:** Martha, eine begeisterte Fotografin, hat eine kreative Möglichkeit gefunden, ihre Erinnerungen festzuhalten. Sie erstellt Fotowände mit Bildern von Familienurlauben und besonderen Momenten. Diese Fotowände sind nicht nur Dekoration, sondern auch eine visuelle Reise durch ihr Leben. Martha genießt den Prozess des Auswählens und Arrangierens der Fotos, und die fertige Wand erinnert sie täglich an die schönen Erlebnisse und die Fülle an Erinnerungen, die sie geschaffen hat. Diese Aktivität ist ein Ausdruck von Dankbarkeit und Wertschätzung für die Menschen und Momente, die ihr Leben bereichern.

- **Backen als kreative Auszeit:** Für Janina ist das Backen von Kuchen und Keksen mehr als nur eine kulinarische Tätigkeit; es ist eine kreative Auszeit, die sie mit ihrer Familie teilt. Jeden Sonntag probiert sie neue Rezepte aus und dekoriert ihre Backwaren mit fantasievollen Mustern. Ihre Kinder helfen ihr dabei, und die Küche wird zu einem Ort der Kreativität und des Zusammenseins. Die Freude, die sie beim Backen empfindet, überträgt sich auf ihre Familie und Freunde, die ihre Kreationen genießen. Diese Aktivität zeigt, dass Fülle nicht nur in materiellen Dingen liegt, sondern auch in den Erfahrungen und Erinnerungen, die wir schaffen.

- **Nähen als nachhaltiges Hobby:** Katrin, eine umweltbewusste Mutter, hat das Nähen als Hobby für sich entdeckt. Sie begann mit einfachen Projekten wie dem Nähen von Kissenbezügen und Taschen und wagte sich schließlich an das Upcycling alter Kleidung. Durch das Nähen konnte sie ihrer Kreativität freien Lauf lassen und gleichzeitig ihren ökologischen Fußabdruck verringern. Sie näht oft aus alten Stoffen neue Kleidungsstücke für ihre Kinder und gibt ihnen so eine persönliche Note. Diese Praxis lehrt Katrin, die Ressourcen, die sie hat, zu schätzen und die Umwelt zu schonen, indem sie weniger konsumiert und mehr selbst gestaltet.

Diese Geschichten zeigen, wie kreative Hobbys nicht nur eine Möglichkeit sind, unsere Freizeit zu gestalten, sondern auch, um Genügsamkeit und Fülle in unserem Leben zu erfahren. Sie lehren uns, die kleinen Dinge zu schätzen, kreativ mit Ressourcen umzugehen und die Schönheit in der Einfachheit zu finden. Egal, ob es das Malen, Backen, Gartenarbeit oder Nähen ist, kreative Aktivitäten bieten eine bereichernde und erfüllende Ergänzung zu unserem Alltag.

FAZIT: Kreative Aktivitäten wie Handwerk, Kunst, Gartenarbeit und Naturerlebnisse fördern eine Lebensweise, die Genügsamkeit und Fülle wertschätzt. Sie lehren uns, die Ressourcen, die wir haben, zu nutzen und die Schönheit in der Einfachheit zu finden. Durch diese Tätigkeiten können wir ein erfülltes und zufriedenes Leben führen, das im Einklang mit unseren Werten und der Natur steht. Sie zeigen, dass wahre Fülle oft in den einfachen, bewussten Momenten des Lebens zu finden ist. Diese Aktivitäten erinnern uns daran, dass wir nicht viel brauchen, um glücklich zu sein, und dass die Natur und unsere eigene Kreativität reichlich Fülle bieten.

KAPITEL 10: Genügsamkeit und Spiritualität

Genügsamkeit und Spiritualität untersucht die tiefgreifende Verbindung zwischen einem einfachen Lebensstil und der spirituellen Dimension, die daraus erwachsen kann. Genügsamkeit ist nicht nur eine praktische Entscheidung, sondern kann auch eine spirituelle Praxis sein, die uns hilft, uns auf höhere Werte und Ziele zu konzentrieren und spirituelle Erfüllung zu finden.

In diesem Kapitel werden verschiedene Meditationsformen, praktische Anleitungen zur Meditation sowie Geschichten und Beispiele aus verschiedenen Traditionen vorgestellt, um die spirituelle Dimension der Genügsamkeit zu beleuchten.

Meditation und innere Ruhe

Verschiedene Meditationsformen

Im Folgenden wollen wir uns mit einigen unterschiedlichen Meditationsformen beschäftigen, die jeweils mit einem Beispiel tiefer betrachtet werden:

- **Zazen:** Diese Form der Meditation aus dem Zen-Buddhismus, die auch als Zen-Meditation bezeichnet wird, konzentriert sich auf das Sitzen in Stille und die Achtsamkeit auf den Atem. Zazen fördert die Konzentration und das Bewusstsein für den gegenwärtigen Moment. **Beispiel:** Der Zen-Mönch Dogen etablierte im 13. Jahrhundert die Praxis des Zazens in Japan. Dogen lehrte, dass Zazen nicht nur eine Methode zur Beruhigung des Geistes ist, sondern der Weg zur Erleuchtung selbst. Durch die regelmäßige Praxis von Zazen können Menschen lernen, die ständige Flut von Gedanken zu beobachten und eine tiefe innere Ruhe zu finden.
- **Vipassana:** Diese Einsichtsmeditation, die aus dem Buddhismus stammt, zielt darauf ab, die Natur von Geist und Körper durch Achtsamkeit und Selbstbeobachtung zu verstehen. Vipassana wird

oft in intensiven Retreats praktiziert, die mehrere Tage dauern.

Beispiel: Ein bekanntes Beispiel hierfür ist S.N. Goenka, der die Vipassana-Meditation weltweit populär machte. Menschen, die an einem Vipassana-Retreat teilnehmen, berichten oft von tiefen Einsichten in die Natur des Leidens und der Vergänglichkeit, was ihnen hilft, eine größere Gelassenheit und Akzeptanz im Alltag zu entwickeln.

- **Metta:** Diese Praxis, im Englischen als „Loving Kindness Meditation" bezeichnet, kultiviert Mitgefühl und Liebe für sich selbst und andere. Sie beginnt mit der Fokussierung auf positive Gedanken und Gefühle sich selbst gegenüber und weitet sich dann auf andere Menschen aus.
  Beispiel: Sharon Salzberg, eine bekannte Lehrerin der Metta-Meditation, betont, wie diese Praxis helfen kann, negative Emotionen wie Wut und Angst zu transformieren und eine tiefere Verbindung zu anderen Menschen zu schaffen.

- **Dynamische Meditation:** Diese aktive Form der Meditation ist auch unter dem Namen Osho bekannt und beinhaltet Bewegung, Atmen und Tönen, um emotionale Blockaden zu lösen und einen Zustand der inneren Ruhe zu erreichen. Osho entwickelte diese Methode, um Menschen zu helfen, die Schwierigkeiten haben, in Stille zu meditieren.
  Beispiel: Als Beispiel dient eine Gruppe von Menschen, die sich regelmäßig zu dynamischen Meditationssitzungen treffen und berichten, dass sie durch die Praxis eine größere emotionale Freiheit und Lebensfreude erfahren.

Anleitung zur Meditation

Um mit der Meditation zu beginnen, sind die folgenden fünf grundlegende Schritte hilfreich:

1. **Wähle einen ruhigen Ort:** Suche dir einen Ort, an dem du ungestört bist und dich wohlfühlst. Dies kann ein ruhiger Raum in deinem Zuhause oder ein Platz in der Natur sein. Ein Beispiel ist Maria, die jeden Morgen in ihrem Garten meditiert. Die Geräusche der Natur helfen ihr, sich zu entspannen und den Geist zu beruhigen.

2. **Setze dich bequem hin:** Eine bequeme Sitzposition ist wichtig, um sich auf die Meditation konzentrieren zu können. Du kannst auf einem Kissen oder Stuhl sitzen, solange dein Rücken gerade ist. Tom, ein Büroangestellter, meditiert auf einem Stuhl in seinem Arbeitszimmer und findet, dass diese Haltung ihm hilft, wach und aufmerksam zu bleiben.

3. **Beginne mit kurzen Einheiten:** Wenn du neu in der Meditation bist, beginne mit kurzen Sitzungen von 5 bis 10 Minuten und steigere die Dauer allmählich, während du dich wohler fühlst. Larissa, eine vielbeschäftigte Mutter, begann mit 5 Minuten Meditation am Tag und hat die Dauer nach und nach auf 20 Minuten erhöht, was ihr hilft, den Tag ruhiger und fokussierter zu beginnen.

4. **Konzentriere dich auf den Atem:** Richte deine Aufmerksamkeit auf den Atem. Beobachte, wie die Luft ein- und ausströmt, ohne den Atem zu verändern. Dies hilft, den Geist zu beruhigen und im Moment zu bleiben. Florian, ein Student, nutzt diese Technik, um sich vor Prüfungen zu beruhigen und seine Konzentration zu verbessern.

5. **Lasse deine Gedanken vorbeiziehen:** Wenn Gedanken auftauchen, erkenne sie an, ohne dich in ihnen zu verlieren, und bringe deine Aufmerksamkeit sanft zurück zum Atem. Sophie hat gelernt, diese Technik zu nutzen, um sich nicht von stressigen Gedanken ablenken zu lassen und sich auf das Wesentliche zu konzentrieren.

Meditationstechniken für die tägliche Praxis

Für die tägliche Praxis eignen sich besonders Meditationstechniken, die einfach zu erlernen sind und sich leicht in den Alltag integrieren lassen. Hier sind einige der beliebtesten und praktischsten Meditations-techniken, die sich für eine tägliche Routine eignen:

- **Achtsamkeitsmeditation:** Die Achtsamkeitsmeditation (Mindfulness Meditation) ist eine der am häufigsten praktizierten Techniken im Westen und eignet sich hervorragend für die tägliche Praxis. Diese Technik konzentriert sich darauf, den gegenwärtigen Moment bewusst wahrzunehmen, ohne zu urteilen. Sie kann helfen, Stress abzubauen und die Konzentration zu verbessern.

Anleitung: Setze dich bequem hin, schließe die Augen und richte deine Aufmerksamkeit auf deinen Atem. Beobachte, wie die Luft ein- und ausströmt. Wenn Gedanken auftauchen, lasse sie einfach vorbeiziehen und bringe deine Aufmerksamkeit sanft zurück zum Atem. Diese Technik kann überall und jederzeit praktiziert werden, was sie besonders flexibel macht.

- **Transzendentale Meditation:** Die Transzendentale Meditation (TM) ist eine einfache Technik, die das Wiederholen eines Mantras beinhaltet, um den Geist zu beruhigen und tiefe Entspannung zu erreichen. Sie wird oft zweimal täglich für 20 Minuten praktiziert und ist bekannt für ihre stressreduzierenden Effekte.

  Anleitung: Setze dich bequem hin, schließe die Augen und wiederhole leise dein persönliches Mantra. Lasse alle anderen Gedanken los und konzentriere dich auf das Mantra. Diese Technik ist strukturiert und erfordert keine speziellen Vorbereitungen, was sie ideal für die tägliche Praxis macht.

- **Atemmeditation:** Die Atemmeditation ist eine einfache Technik, bei der der Fokus auf dem Atem liegt. Diese Form der Meditation hilft, den Geist zu beruhigen und die Konzentration zu verbessern.

  Anleitung: Setze dich bequem hin und schließe die Augen. Atme tief ein und aus und konzentrieren dich auf das Gefühl des Atems, der in deinem Körper ein- und ausströmt. Zähle beim Ein- und Ausatmen, um deine Aufmerksamkeit zu halten. Diese Technik kann in kurzen Sitzungen von 5 bis 10 Minuten praktiziert werden, was sie ideal für den täglichen Gebrauch macht.

- **Gehmeditation:** Gehmeditation ist eine Technik, die Achtsamkeit in Bewegung integriert. Sie ist besonders praktisch für Menschen, die Schwierigkeiten haben, still zu sitzen.

  Anleitung: Gehe langsam und bewusst, und konzentriere dich auf die Empfindungen deiner Füße, die den Boden berühren. Achte auf die Bewegungen deiner Beine und den Rhythmus deines Atems. Diese Technik kann während eines Spaziergangs im Park oder sogar auf dem Weg zur Arbeit praktiziert werden, was sie zu einer flexiblen Option für die tägliche Praxis macht.

Schnell zu praktizierende Meditationstechniken

Diese Meditationstechniken sind nicht nur einfach zu erlernen, sondern auch flexibel genug, um in den Alltag integriert zu werden. Sie bieten eine effektive Möglichkeit, Stress abzubauen, die Konzentration zu verbessern und das allgemeine Wohlbefinden zu steigern, was ihre Eignung für die tägliche Praxis erklärt.

- **Ein-Minuten-Meditation:** Die Ein-Minuten-Meditation ist ideal für Menschen mit einem vollen Terminkalender. Diese Technik kann jederzeit und überall durchgeführt werden und bietet eine schnelle Möglichkeit, sich zu zentrieren und den Geist zu beruhigen.

  Anleitung: Finde einen ruhigen Ort, setze dich bequem hin und schließe die Augen. Atme tief ein und aus, und konzentriere dich auf deinen Atem. Lasse alle Gedanken vorbeiziehen und bringe deine Aufmerksamkeit immer wieder sanft zum Atem zurück. Diese kurze Praxis kann helfen, Stress abzubauen und die Konzentration zu verbessern.

- **Box Breathing:** Das Box Breathing ist eine einfache Atemtechnik, die in kurzer Zeit beruhigend wirkt und die Konzentration fördert. Diese Technik wird oft von Militärangehörigen und Profisportlern verwendet, um in stressigen Situationen ruhig zu bleiben.

  Anleitung: Atme langsam ein, während du bis vier zählst, halte den Atem für vier Zählzeiten an, atmen für vier Zählzeiten aus und halte erneut für vier Zählzeiten an. Wiederhole diesen Zyklus für eine Minute. Diese Technik hilft, den Geist zu beruhigen und die Aufmerksamkeit zu schärfen.

Spirituelle Geschichten verschiedener Traditionen

Im Folgenden wollen wir uns einige spirituelle Geschichten aus verschiedenen Traditionen ansehen:

- **Zen-Buddhismus:** In der Zen-Tradition gibt es viele Geschichten von Mönchen, die durch jahrelange Meditationspraxis Erleuchtung erlangten. Eine bekannte Anekdote erzählt von einem Schüler, der seinen Meister fragte, wie er Erleuchtung erlangen könne. Der Meister antwortete: „Wenn du isst, iss; wenn du schläfst, schlafe." Diese einfache Weisheit lehrt die Bedeutung der Achtsamkeit und des vollständigen Eintauchens in den gegenwärtigen Moment. Diese Geschichte inspiriert viele Menschen, die Einfachheit und Präsenz im Alltag zu schätzen.

- **Hinduismus:** Im Hinduismus wird die Geschichte von Siddhartha Gautama, dem historischen Buddha, oft erzählt. Siddhartha verließ sein luxuriöses Leben, um die Wahrheit über das Leiden zu finden. Durch Meditation und Askese erkannte er, dass der Weg zur Erleuchtung in der Mitte zwischen Überfluss und Entbehrung liegt. Diese Erkenntnis führte zur Entwicklung des „Mittleren Weges", der Genügsamkeit und spirituelle Praxis vereint. Diese Geschichte lehrt uns, dass wahre Erfüllung nicht durch extreme Lebensweisen, sondern durch Balance und Achtsamkeit erreicht wird.

- **Christentum:** In der christlichen Tradition gibt es Geschichten von Heiligen, die ein einfaches Leben führten, um sich auf ihre spirituelle Entwicklung zu konzentrieren. Zum Beispiel lebte Franz von Assisi in Armut und fand in der Einfachheit und im Dienst an anderen eine tiefe spirituelle Erfüllung. Seine Geschichte inspiriert viele Menschen, die Fülle im Dienst und in der Hingabe zu finden. Ein modernes Beispiel ist Mutter Teresa, die ihr Leben dem Dienst an den Ärmsten der Armen widmete und in ihrer Einfachheit und Hingabe eine tiefe spirituelle Erfüllung fand.

- **Sufi-Tradition:** In der islamischen Sufi-Tradition gibt es die Praxis des Dhikr, bei der Gottes Namen wiederholt werden, um eine tiefere Verbindung zum Göttlichen zu erreichen. Ein Beispiel ist Rumi, ein berühmter Sufi-Dichter und Mystiker, der durch seine Gedichte und Lehren viele Menschen inspiriert hat, die spirituelle Dimension der Genügsamkeit zu erkunden. Rumi lehrte, dass wahre Fülle in der Liebe und Hingabe an Gott liegt, und dass durch die Praxis des Dhikr der Geist gereinigt und das Herz geöffnet werden kann.

- **Daoistische Meditation:** In der daoistischen Tradition wird Meditation genutzt, um Harmonie und Gleichgewicht zu kultivieren.

Praktiken wie die Innere Alchemie konzentrieren sich auf die Zirkulation von Qi (Lebensenergie) und die Verbindung mit der Natur. Diese Techniken beinhalten oft Atemübungen, Visualisierungen und Bewegungen, um Körper und Geist zu reinigen und zu stärken.

- **Indigene und Stammestraditionen:** Viele indigene Kulturen haben ihre eigenen Meditationspraktiken entwickelt, die oft mit Ritualen, Trommeln und Gesängen verbunden sind. Diese Praktiken dienen dazu, sich mit der Natur, den Ahnen und der Geisterwelt zu verbinden. Zum Beispiel nutzen die amerikanischen Ureinwohner Schwitzhüttenzeremonien und Visionssuchen, um veränderte Bewusstseinszustände zu erreichen. Afrikanische Stammeskulturen verwenden Trommeln und rhythmische Bewegungen, um trance-ähnliche Zustände herbeizuführen und sich mit den Geistern der Vorfahren zu verbinden.

FAZIT: Diese Geschichten zeigen, dass Genügsamkeit und Meditation nicht nur Techniken zur Stressbewältigung sind, sondern auch Wege, um tiefere spirituelle Einsichten und Erfüllung zu erlangen. Sie lehren uns, dass wahre Fülle in der Einfachheit und im bewussten Leben im Einklang mit höheren Werten und Zielen liegt. Durch die Praxis der Meditation und das Streben nach Genügsamkeit können wir eine tiefere Verbindung zu uns selbst und zur Welt um uns herum finden.

KAPITEL 11: Genügsamkeit und Kreativität

Dieses Kapitel widmet sich der faszinierenden Verbindung zwischen Genügsamkeit und Kreativität und untersucht, wie Einfachheit und Minimalismus kreative Prozesse fördern können. Durch die Konzentration auf das Wesentliche können kreative Ideen freigesetzt und innovative Lösungen gefunden werden. Wir werden uns mit verschiedenen Aspekten der Kreativität befassen, von der Kunst und Literatur bis hin zu Do-it-yourself-Projekten und nachhaltiger Kunst.

Kreatives Denken durch Einfachheit

Einfachheit kann ein mächtiger Katalysator für kreatives Denken sein. In einer Welt voller Ablenkungen und Überfluss kann die Reduktion auf das Wesentliche helfen, den Geist zu klären und Raum für neue Ideen zu schaffen. Kreativität erfordert oft, dass wir alte Denkmuster durchbrechen und neue Perspektiven einnehmen. Ein minimalistischer Ansatz kann dabei unterstützen, indem er uns ermutigt, uns auf das Wesentliche zu konzentrieren und unnötige Komplexität zu vermeiden.

Kreativität durch Minimalismus fördern

Minimalismus fördert Kreativität, indem er eine Umgebung schafft, die frei von überflüssigen Ablenkungen ist. Ein aufgeräumter Raum kann den Geist beruhigen und die Konzentration verbessern. Dies ermöglicht es, sich intensiver mit kreativen Prozessen zu beschäftigen. In der Kunst und Architektur zeigt sich Minimalismus oft in klaren Linien und einfachen Formen, die eine fokussierte und ausdrucksstarke Ästhetik schaffen.

Zum Beispiel könnte ein Autor seinen Arbeitsplatz auf einen einfachen Schreibtisch, einen bequemen Stuhl und die minimalen Werkzeuge beschränken, die zum Schreiben erforderlich sind. Diese Reduzierung der Arbeitsumgebung auf das Wesentliche kann dabei helfen, Ablenkungen zu vermeiden und die Konzentration auf das kreative Schaffen zu lenken.

Beispiele aus Kunst und Literatur

In der Kunst und Literatur gibt es zahlreiche Beispiele, wie Minimalismus kreative Werke beeinflusst hat:

- **Kunst:** In der Malerei konzentriert sich der Minimalismus auf grundlegende Formen und Strukturen, wobei viele Details oder Verzierungen weggelassen werden. Dies kann zu einer klareren und fokussierteren kreativen Ausdrucksweise führen.
- **Literatur:** Der Schriftsteller Ernest Hemingway ist bekannt für seinen minimalistischen Schreibstil, der durch kurze, prägnante Sätze und eine klare Sprache gekennzeichnet ist. Dieser Stil ermöglicht es dem Leser, die Essenz der Geschichte schnell zu erfassen, ohne von unnötigen Details abgelenkt zu werden.

Do-it-yourself-Projekte

Do-it-yourself (DIY)-Projekte sind eine hervorragende Möglichkeit, Kreativität zu fördern und zugleich Genügsamkeit zu praktizieren. Diese Projekte ermutigen, mit vorhandenen Materialien zu arbeiten und innovative Ideen zu finden. DIY-Projekte reichen von einfachen Bastelarbeiten bis zu komplexen Handwerksprojekten. Zum Beispiel ist das Upcycling von alten Möbeln ein beliebtes DIY-Projekt, bei dem ausgediente Gegenstände in etwas Neues und Nützliches verwandelt werden. Dies fördert nicht nur die Kreativität, sondern auch die Nachhaltigkeit, indem Ressourcen geschont und Abfall reduziert werden.

Anleitungen für kreative Projekte

Um kreative Projekte erfolgreich umzusetzen, sind die folgenden praktischen Schritte hilfreich:

1. **Planung:** Beginne mit einer klaren Vorstellung, was du erreichen möchtest. Skizziere deine Ideen und erstelle eine Liste der Materialien.

2. **Materialien sammeln:** Nutze vorhandene Materialien oder suche nach nachhaltigen Alternativen. Upcycling-Projekte können oft mit Dingen umgesetzt werden, die du bereits zu Hause hast.
3. **Schritt-für-Schritt-Anleitung:** Folge einer klaren Anleitung, um den Prozess zu strukturieren. Dies kann helfen, den Überblick zu behalten und das Projekt effizient abzuschließen.
4. **Experimentieren:** Sei offen für neue Ideen und Ansätze. Kreativität erfordert oft, dass wir Risiken eingehen und aus Fehlern lernen.

Upcycling und nachhaltige Kunst

Upcycling ist eine kreative Praxis, die darauf abzielt, Abfallprodukte oder ungenutzte Materialien in neue, wertvolle Produkte zu verwandeln. Diese Form der nachhaltigen Kunst fördert nicht nur die Kreativität, sondern trägt auch zur Schonung von Ressourcen bei.

Ein Beispiel ist das Kunst- und Umweltprojekt MUCARTS. Es nutzt Upcycling, um Kunstbanner in langlebige und nachhaltige Produkte wie Taschen zu verwandeln. Diese Initiative zeigt, wie Kreativität und Nachhaltigkeit Hand in Hand gehen können, um einzigartige und umweltfreundliche Produkte zu schaffen.

Kreativität im Alltag

Kreativität muss nicht auf Kunst und Handwerk beschränkt sein. Sie kann in vielen Aspekten des täglichen Lebens integriert werden. Ein kreativer Ansatz kann helfen, alltägliche Probleme zu lösen und neue Möglichkeiten zu entdecken.

Techniken zur Integration von Kreativität

- **Mindmapping:** Diese Technik hilft, Ideen zu visualisieren und neue Verbindungen zu entdecken. Sie kann bei der Planung von Projekten oder beim Brainstorming neuer Ideen nützlich sein.
- **Notizbuch führen:** Halte deine Ideen und deine Inspirationen fest, sobald sie auftauchen. Ein Notizbuch kann dafür ein wertvolles

Werkzeug sein, um kreative Gedanken zunächst zu sammeln, um sie dann später weiterzuentwickeln.

Geschichten von kreativen Menschen

Viele kreative Menschen haben gezeigt, wie Genügsamkeit und Einfachheit ihre Arbeit inspiriert haben, dazu gehören zum Beispiel:

- **Steve Jobs**, der Mitbegründer von Apple, war bekannt für seinen minimalistischen Ansatz sowohl in der Produktgestaltung als auch in seinem persönlichen Leben. Dieser Fokus auf Einfachheit trug dazu bei, einige der ikonischsten Produkte der Technologiegeschichte zu schaffen.
- **Marie Kondo**, eine Aufräumexpertin und Autorin, hat durch ihre KonMari-Methode viele Menschen inspiriert, ihr Zuhause von überflüssigem Ballast zu befreien. Ihre Philosophie der Einfachheit hat nicht nur das Leben vieler Menschen verändert, sondern auch ihre Kreativität gefördert.

FAZIT: Insgesamt zeigt dieses Kapitel, wie Genügsamkeit und Kreativität Hand in Hand gehen können, um ein erfülltes und innovatives Leben zu führen. Durch die Konzentration auf das Wesentliche und die Nutzung vorhandener Ressourcen können wir kreative Lösungen finden und gleichzeitig einen positiven Beitrag zur Umwelt leisten.

KAPITEL 12: Genügsamkeit und Bildung

Um ein umfassendes Bild über das Thema „Genügsamkeit und Bildung" zu zeichnen, ist es wichtig, die verschiedenen Facetten und Dimensionen zu beleuchten, die dieses Thema umfasst. Bildung spielt eine entscheidende Rolle bei der Förderung eines genügsamen Lebensstils, indem sie Menschen befähigt, ihre Bedürfnisse zu hinterfragen und sich auf das Wesentliche zu konzentrieren.

Bildung für ein genügsames Leben

Bildungssysteme und Genügsamkeit

Bildung für ein genügsames Leben bedeutet, dass Menschen lernen, mit weniger auszukommen und dennoch ein erfülltes Leben zu führen. Genügsamkeit ist die Fähigkeit, mit dem zufrieden zu sein, was man hat, und nicht mehr zu benötigen, als notwendig ist. Bildung kann dabei helfen, diese Lebensweise zu unterstützen, indem sie Werte wie Minimalismus, Zufriedenheit und Nachhaltigkeit vermittelt. Ein Beispiel hierfür ist die Integration von Fächern wie Philosophie und Ethik in den Lehrplan, die Schüler dazu anregen, über ihre Lebensziele und Konsumgewohnheiten nachzudenken.

Beispiele aus verschiedenen Ländern

Bildungssysteme weltweit spielen eine entscheidende Rolle bei der Vermittlung von Genügsamkeit.

- In **Finnland** beispielsweise wird großer Wert auf ein ganzheitliches Bildungssystem gelegt, das nicht nur auf akademische Leistungen, sondern auch auf die Entwicklung sozialer und emotionaler Kompetenzen abzielt. Dies fördert eine Kultur der Zusammenarbeit und des gegenseitigen Respekts, die Genügsamkeit unterstützt.
- In **Japan** wird das Prinzip des Mottainai, das Respekt vor Ressourcen und die Vermeidung von Verschwendung betont, in Schulen gelehrt.

Schüler lernen, wie sie Ressourcen effizient nutzen und Abfall reduzieren können, was zur Förderung von Genügsamkeit beiträgt.

Einige Länder haben spezifische Programme entwickelt, um Genügsamkeit und Nachhaltigkeit in ihren Bildungssystemen zu fördern.

- In **Deutschland** beispielsweise werden an einigen Schulen Projekte durchgeführt, bei denen Schüler lernen, wie sie nachhaltige Produkte herstellen oder Reparaturwerkstätten betreiben können. Diese Projekte fördern ein Bewusstsein für Ressourcenschonung und Genügsamkeit. In Bhutan ist das Bildungssystem stark von der Philosophie des Bruttonationalglücks geprägt, das den Fokus auf das Wohlbefinden der Bürger legt. Bildung zielt darauf ab, Werte wie Zufriedenheit und Gemeinschaftssinn zu fördern, anstatt nur wirtschaftlichen Erfolg.
- **Costa Rica** integriert Umweltbildung in den Lehrplan, um Schülern die Bedeutung von Naturschutz und nachhaltigem Leben zu vermitteln. Diese Bildung fördert eine Kultur der Genügsamkeit und des Respekts gegenüber der Natur.

Lebenslanges Lernen

Lebenslanges Lernen ist ein weiteres wichtiges Konzept, das Menschen dazu befähigt, sich ständig weiterzuentwickeln und anzupassen. Es umfasst formale, non-formale und informelle Lernprozesse, die zur persönlichen und beruflichen Entwicklung beitragen. Ein Beispiel hierfür ist die Teilnahme an Volkshochschulkursen, die eine breite Palette von Themen abdecken und es den Teilnehmern ermöglichen, neue Fähigkeiten zu erlernen oder bestehende zu vertiefen.

Bedeutung von kontinuierlicher Bildung

Kontinuierliche Bildung ist unerlässlich, um mit den schnellen Veränderungen in der modernen Welt Schritt zu halten. Sie ermöglicht es Menschen, flexibel auf neue Herausforderungen zu reagieren und ihre Kenntnisse ständig zu erweitern. Dies kann durch berufliche Weiterbildungen, Workshops oder Online-Kurse erreicht werden. In der IT-Branche beispielsweise ist kontinuierliche Weiterbildung notwendig, um mit den technologischen Entwicklungen Schritt zu halten.

Tipps für die Selbstbildung

Praktische Tipps für Selbstbildung umfassen die Nutzung von Online-Ressourcen wie Coursera, edX und Khan Academy, die kostenlose Kurse zu einer Vielzahl von Themen anbieten. Lesen ist eine weitere wertvolle Methode der Selbstbildung; Bücher, Fachzeitschriften und Blogs bieten eine Fülle von Informationen. Bibliotheken sind oft eine ausgezeichnete Quelle für Materialien. Podcasts und Webinare bieten die Möglichkeit, sich über aktuelle Themen zu informieren und Expertenwissen zu erwerben. Netzwerken mit Gleichgesinnten und Experten kann neue Perspektiven eröffnen und das Lernen bereichern.

Genügsamkeit in der Erziehung

Erziehung zu Genügsamkeit und Nachhaltigkeit

Die Erziehung zu Genügsamkeit beginnt im Elternhaus und wird durch das Bildungssystem unterstützt. Eltern können ihren Kindern den Wert von Dingen vermitteln, indem sie ihnen beibringen, wie man mit Ressourcen verantwortungsvoll umgeht und unnötigen Konsum vermeidet.

Schulen können Projekte wie Schulgärten oder Recyclingprogramme initiieren, um den praktischen Umgang mit Ressourcen zu lehren. Bildung für nachhaltige Entwicklung (BNE) ist ein Konzept, das darauf abzielt, Schülern die Fähigkeiten zu vermitteln, die notwendig sind, um nachhaltige Entscheidungen zu treffen.

In Kanada beispielsweise werden Schüler ermutigt, an Umweltprojekten teilzunehmen, die das Bewusstsein für ökologische und soziale Verantwortung stärken.

Fallstudien und Erfolgsgeschichten

Erfolgsgeschichten aus verschiedenen Ländern zeigen, wie Bildung zur Genügsamkeit und Nachhaltigkeit beitragen kann.

- In **Schweden** hat die Einführung von Umweltbildung in Schulen zu einem erhöhten Bewusstsein für Nachhaltigkeit geführt. Schüler lernen, wie sie Energie sparen und Abfall reduzieren können, was langfristig zu einer nachhaltigeren Gesellschaft beiträgt.
- **Singapur** hat ein Bildungssystem entwickelt, das auf lebenslanges Lernen ausgerichtet ist. Durch Programme wie das SkillsFuture Credit können Bürger ihre Fähigkeiten kontinuierlich verbessern, was zu einer anpassungsfähigen und genügsamen Bevölkerung führt.

FAZIT: Insgesamt zeigt sich, dass Bildung als Werkzeug dienen kann, um Genügsamkeit und Nachhaltigkeit zu fördern, was letztlich zu einem erfüllteren und harmonischeren Leben führt. Bildungssysteme, die diese Werte integrieren, tragen dazu bei, dass zukünftige Generationen in der Lage sind, mit den Herausforderungen einer sich schnell verändernden Welt umzugehen und gleichzeitig ein genügsames und nachhaltiges Leben zu führen.

KAPITEL 13: Genügsamkeit und Gemeinschaft

Dieses Kapitel untersucht die vielfältigen Facetten der Genügsamkeit und wie sie Gemeinschaften bereichern kann. Genügsamkeit wird hier als bewusster Lebensstil verstanden, der nicht nur individuelle Vorteile bringt, sondern auch das Potenzial hat, soziale Strukturen zu stärken und nachhaltige Praktiken zu fördern.

Gemeinschaftsprojekte und Initiativen

Gemeinschaftsprojekte sind zentrale Elemente, um Genügsamkeit in der Praxis umzusetzen. Diese Projekte fördern den Austausch von Ressourcen und Wissen und schaffen Räume für soziale Interaktion.

Gemeinschaften profitieren durch Genügsamkeit

Gemeinschaften profitieren von Genügsamkeit durch die Förderung von Nachhaltigkeit, sozialem Zusammenhalt und finanziellen Einsparungen. Genügsame Praktiken führen oft zu einer Reduzierung des ökologischen Fußabdrucks und fördern eine Kultur des Teilens und der Zusammenarbeit. In Gemeinschaften, die Genügsamkeit praktizieren, wird oft ein stärkeres Gefühl der Zugehörigkeit und des gegenseitigen Vertrauens beobachtet.

Erfolgreiche Beispiele aus der Praxis

- **Gemeinschaftsgarten:** Ein Beispiel ist der Gemeinschaftsgarten „Prinzessinnengarten" in Berlin-Kreuzberg. Dieser Garten wurde auf einer brachliegenden Fläche errichtet und bietet nicht nur Platz für den Anbau von Gemüse und Kräutern, sondern auch Workshops und Veranstaltungen, die das Bewusstsein für nachhaltige Landwirtschaft und Ernährung schärfen.
- **Repair Cafés:** Ein weiteres Beispiel ist das „Repair Café" Konzept, das weltweit umgesetzt wird. Hier können Menschen defekte

Gegenstände mitbringen und gemeinsam mit ehrenamtlichen Fachleuten reparieren. Dies fördert nicht nur die Genügsamkeit durch die Verlängerung der Lebensdauer von Produkten, sondern auch den sozialen Austausch und das Lernen.

- **Incredible Edible:** Ein beeindruckendes Beispiel für erfolgreiche Praxis ist der „Incredible Edible" in Todmorden, Großbritannien. Diese Initiative begann mit dem Anbau von Lebensmitteln in öffentlichen Räumen und hat sich zu einem umfassenden Projekt entwickelt, das Bildung, Gemeinschaft und Nachhaltigkeit vereint. Die Bewohner pflanzen Obst und Gemüse in städtischen Bereichen an, die dann von allen geerntet werden können. Diese Praxis hat nicht nur die lokale Ernährungssicherheit verbessert, sondern auch den sozialen Zusammenhalt gestärkt.

Gemeinschaftliche Ressourcen

Gemeinschaftliche Ressourcen wie Bibliotheken der Dinge oder Werkzeugverleihsysteme sind wesentliche Bestandteile genügsamer Gemeinschaften. Solche Systeme ermöglichen es Menschen, Zugang zu Werkzeugen und Geräten zu haben, die sie sich sonst nicht leisten könnten, und fördern gleichzeitig den sozialen Austausch. Ein Beispiel ist die „Library of Things" in London, die eine Vielzahl von Gegenständen zum Verleih anbietet, von Werkzeugen bis zu Küchengeräten.

Teilen und Tauschen in der Nachbarschaft

Das Teilen und Tauschen von Ressourcen in der Nachbarschaft wird durch Plattformen wie „Nebenan.de" in Deutschland erleichtert. Diese Plattform ermöglicht es Nachbarn, sich zu vernetzen und Ressourcen zu teilen, sei es durch das Verleihen von Werkzeugen, das Organisieren von Tauschbörsen oder das Anbieten von Hilfeleistungen. Solche Initiativen reduzieren nicht nur den individuellen Bedarf an neuem Konsum, sondern stärken zugleich auch nachhaltig die Gemeinschaft in der Nachbarschaft.

Gemeinsame Gärten und Werkstätten

Gemeinsame Gärten und Werkstätten sind Orte, an denen Menschen zusammenkommen, um Ressourcen zu teilen und voneinander zu lernen. Ein Beispiel ist der „Interkulturelle Garten" in Göttingen, der Menschen unterschiedlicher Herkunft zusammenbringt, um gemeinsam zu gärtnern und kulturellen Austausch zu fördern. Diese Gärten bieten nicht nur Zugang zu frischen Lebensmitteln, sondern auch Bildungsprogramme und soziale Interaktionsmöglichkeiten.

Soziale Netzwerke der Genügsamkeit

Soziale Netzwerke spielen eine entscheidende Rolle bei der Förderung von Genügsamkeit. Sie ermöglichen den Austausch von Ideen und Ressourcen und unterstützen die Bildung von Gemeinschaften, die sich auf Nachhaltigkeit und gegenseitige Unterstützung konzentrieren. Plattformen wie „Freecycle" fördern das Verschenken von Gegenständen, die nicht mehr benötigt werden, und tragen so zur Reduzierung von Abfall und Konsum bei.

Online-Communities und Plattformen

Online-Communities bieten eine Plattform für den Austausch von Wissen und Erfahrungen im Bereich der Genügsamkeit. Sie ermöglichen es Menschen, sich über geografische Grenzen hinweg zu vernetzen und voneinander zu lernen. Ein Beispiel ist die „Permaculture Global" Plattform, die es Menschen ermöglicht, Projekte zu teilen und sich über nachhaltige Praktiken auszutauschen.

Vernetzung und Austausch von Ideen

Die Vernetzung und der Austausch von Ideen sind entscheidend für die Entwicklung und Verbreitung von genügsamen Lebensstilen. Netzwerke und Plattformen fördern die Zusammenarbeit und Innovation innerhalb von Gemeinschaften, indem sie den Austausch von Wissen und Ressourcen erleichtern. Projekte wie das „Transition

Towns" Netzwerk zeigen, wie Gemeinschaften weltweit zusammenarbeiten, um lokale Lösungen für globale Herausforderungen zu
entwickeln.

FAZIT: Insgesamt zeigt dieses Kapitel, dass Genügsamkeit nicht
nur eine persönliche Entscheidung ist, sondern auch eine gemeinschaftliche Bewegung, die positive Veränderungen in der Gesellschaft
bewirken kann. Durch die Förderung von Nachhaltigkeit, sozialem
Zusammenhalt und der effizienten Nutzung von Ressourcen tragen
genügsame Gemeinschaften zu einer lebenswerteren und gerechteren
Welt bei.

KAPITEL 14: Genügsamkeit und Technologie

Dieses Kapitel befasst sich mit der Rolle der Technologie bei der Förderung von Genügsamkeit und den damit verbundenen zahlreichen Herausforderungen. Es werden technologische Lösungen vorgestellt, die einen genügsamen Lebensstil unterstützen, sowie die Risiken der technologischen Abhängigkeit und Strategien zu deren Reduzierung erörtert.

Technologische Lösungen für Genügsamkeit

Technologie bietet uns zahlreiche Möglichkeiten, die Genügsamkeit zu fördern.

Ein zentrales Element sind Smart Grids, die den Energieverbrauch optimieren und die Integration erneuerbarer Energien erleichtern. Diese intelligenten Stromnetze ermöglichen es, Energie effizienter zu verteilen und den Verbrauch zu steuern, was zu einer Reduzierung der Energiekosten und des ökologischen Fußabdrucks führt.

Ein weiteres Beispiel sind intelligente Thermostate wie Nest, die den Energieverbrauch in Haushalten durch automatisierte Anpassungen der Heizung und Kühlung reduzieren. Diese Geräte lernen die Gewohnheiten der Bewohner und passen die Temperatur entsprechend an, um Energie zu sparen, ohne den Komfort zu beeinträchtigen.

Apps und Tools für einen genügsamen Lebensstils

Es gibt zahlreiche Apps und Tools, die uns dabei unterstützen können, einen genügsamen Lebensstil zu führen.

Die App „JouleBug" beispielsweise motiviert Nutzer, nachhaltige Gewohnheiten zu entwickeln, indem sie alltägliche Aktivitäten in spielerische Herausforderungen verwandelt. Nutzer können Punkte sammeln, indem sie energieeffiziente Maßnahmen ergreifen, wie das Ausschalten von Lichtern oder das Verwenden von Mehrwegflaschen.

Eine weitere nützliche App ist „Olio", die es Menschen ermöglicht, überschüssige Lebensmittel mit Nachbarn zu teilen. Diese Plattform hilft, Lebensmittelverschwendung zu reduzieren und fördert den Gemeinschaftssinn, indem sie Menschen miteinander verbindet, die Lebensmittel teilen möchten.

Innovative Technologien

Innovative Technologien wie das Internet der Dinge (IoT) und Blockchain bieten neue Möglichkeiten für Genügsamkeit und Nachhaltigkeit.

IoT-Geräte können den Wasserverbrauch in Haushalten überwachen und optimieren, indem sie Lecks erkennen und den Verbrauch in Echtzeit anzeigen. Dies ermöglicht es den Nutzern, ihren Wasserverbrauch zu reduzieren und Kosten zu sparen.

Blockchain-Technologie kann Transparenz und Effizienz in Lieferketten erhöhen, indem sie den Weg von Produkten vom Hersteller zum Verbraucher nachvollziehbar macht. Dies ermöglicht es Verbrauchern, informierte Entscheidungen zu treffen und nachhaltigere Produkte zu wählen.

Technologische Abhängigkeit

Mit der zunehmenden Digitalisierung steigt auch die Abhängigkeit von technologischen Infrastrukturen. Diese Abhängigkeit kann Risiken mit sich bringen, insbesondere wenn kritische Infrastrukturen ausfallen oder gestört werden. Diese Abhängigkeiten kann die Versorgungssicherheit gefährden und erfordern daher eine sorgfältige Analyse und Bewertung.

Risiken und Herausforderungen

Technologische Abhängigkeit birgt das Risiko von Ausfällen und Störungen, die schwerwiegende Folgen für Wirtschaft und Gesellschaft haben können. Der hohe Energieverbrauch von Rechenzentren und KI-Anwendungen stellt eine weitere Herausforderung dar, da er die Umweltbelastung erhöhen kann. Zudem besteht die Gefahr, dass technologische Lösungen soziale Ungleichheiten verstärken, wenn der Zugang zu diesen Technologien ungleich verteilt ist.

Strategien zur Reduzierung der Abhängigkeit

Um die Abhängigkeit von Technologien zu reduzieren, sind robuste Infrastrukturen und alternative Systeme erforderlich. Eine Strategie ist die Förderung von Redundanzen und Backup-Systemen, um im Falle von Ausfällen gewappnet zu sein. Zudem können Maßnahmen wie das bewusste Management der Bildschirmzeit und die Nutzung alternativer Lernmethoden zur Verringerung der Abhängigkeit beitragen.

Technologie für Nachhaltigkeit

Technologie kann maßgeblich zur Nachhaltigkeit beitragen, indem sie Effizienzsteigerungen ermöglicht und den Verbrauch fossiler Ressourcen reduziert. Elektrofahrzeuge, die mit erneuerbarer Energie betrieben werden, sind ein Beispiel dafür, wie Technologie den CO_2-Ausstoß im Verkehrssektor verringern kann. Zudem können Softwarelösungen zur CO_2-Bilanzierung Unternehmen dabei helfen, ihre ökologischen Fußabdrücke zu verkleinern und nachhaltiger zu wirtschaften.

Der Beitrag von Technologie zur Nachhaltigkeit

Technologie trägt zur Nachhaltigkeit bei, indem sie den Einsatz erneuerbarer Energien fördert und den Ressourcenverbrauch optimiert. Digitale Lösungen ermöglichen es, Prozesse effizienter zu gestalten und Abfälle zu minimieren. Sie unterstützen auch die Verwirklichung der UN-Ziele für nachhaltige Entwicklung, indem sie beispielsweise Armut und Hunger bekämpfen und nachhaltige Städte fördern.

Fallstudien und Erfolgsgeschichten

- **Todmorden:** Ein Beispiel für eine erfolgreiche Anwendung von Technologie zur Förderung der Nachhaltigkeit ist das „Incredible Edible" Projekt in Todmorden in Großbritannien, das durch den

Anbau von Lebensmitteln in öffentlichen Räumen die lokale Ernährungssicherheit verbessert und den sozialen Zusammenhalt stärkt.

- **Unternehmen:** Ein weiteres Beispiel ist der Einsatz von KI zur Optimierung von Produktionsprozessen und zur Reduzierung von Abfällen, wie bereits in vielen Unternehmen verwendet.
- **Amsterdam:** Ein weiteres bemerkenswertes Beispiel ist die Stadt Amsterdam, die Blockchain-Technologie nutzt, um die Kreislaufwirtschaft zu fördern. Durch die Verfolgung von Materialien und Produkten in der Stadt wird sichergestellt, dass Ressourcen effizient genutzt und Abfälle minimiert werden.

FAZIT: Insgesamt zeigt dieses Kapitel, dass Technologie ein mächtiges Werkzeug zur Förderung von Genügsamkeit und Nachhaltigkeit sein kann, jedoch auch Herausforderungen und Risiken mit sich bringt, die es zu bewältigen gilt. Durch den bewussten Einsatz und die Weiterentwicklung technologischer Lösungen können wir zu einer nachhaltigeren und genügsameren Gesellschaft beitragen.

KAPITEL 15: Genügsamkeit und Umweltbewusstsein

In diesem Kapitel wollen wir uns mit dem Einfluss der Genügsamkeit auf das Umweltbewusstsein beschäftigen.

Ökologischer Fußabdruck

Der ökologische Fußabdruck ist ein Maß dafür, wie viel biologisch produktive Fläche benötigt wird, um den Lebensstil und Konsum eines Menschen oder einer Gesellschaft zu unterstützen. Er umfasst den Ressourcenverbrauch für Ernährung, Energie, Mobilität und Konsumgüter. In Deutschland ist der ökologische Fußabdruck pro Kopf relativ hoch, was auf einen hohen Energieverbrauch und intensiven Konsum zurückzuführen ist. Der Energieverbrauch ist ein bedeutender Faktor, der den ökologischen Fußabdruck beeinflusst. In Deutschland stammen etwa 46% des Stroms aus fossilen Brennstoffen, was erheblich zum CO_2-Ausstoß beiträgt.

Freiburg im Breisgau ist bekannt für seine umweltfreundlichen Initiativen. Die Stadt dient als ein Beispiel für die Reduzierung des ökologischen Fußabdrucks durch die Umstellung auf erneuerbare Energien in verschiedenen Bereichen. Freiburg hat sich als Vorreiter in Solarenergie etabliert und setzt auf eine Kombination aus Solarzellen auf öffentlichen und privaten Dächern und energieeffizienten Gebäuden, um den CO_2-Ausstoß zu minimieren. Weiterhin hat die Stadt ein umfangreiches Netz von Fahrradwegen etabliert und fördert den öffentlichen Verkehr, um den Autoverkehr zu reduzieren. Diese Maßnahmen haben Freiburg zu einem Modell für nachhaltige Stadtentwicklung gemacht.

Maßnahmen zur Reduzierung des Fußabdrucks

Genügsamkeit bedeutet, mit weniger auszukommen und bewusster zu konsumieren. Die folgenden Maßnahmen können dabei helfen den ökologischen Fußabdruck erheblich zu reduzieren und langfristig nachhaltiger zu leben:

- **Ernährungsumstellung:** Reduzierung des Fleischkonsums und Unterstützung nachhaltiger Landwirtschaft. Ein Beispiel ist der Biohof „Gut Wulksfelde" in Schleswig-Holstein, der auf nachhaltige Landwirtschaft setzt und regionale Produkte anbietet. Der Hof produziert eine Vielzahl von Bioprodukten und bietet den Verbrauchern die Möglichkeit, direkt vor Ort einzukaufen. Durch den Verzicht auf chemische Düngemittel und Pestizide trägt der Hof zur Erhaltung der Bodenqualität und zur Reduzierung der Umweltbelastung bei.
- **Energieeinsparung:** Nutzung erneuerbarer Energien und Verbesserung der Energieeffizienz im Haushalt. Die Initiative „Energiesparmeister" zeichnet Schulen aus, die innovative Energiesparprojekte umsetzen.
- **Nachhaltige Mobilität:** Förderung des öffentlichen Verkehrs und Nutzung von Fahrrädern. Die Stadt Kopenhagen ist ein Vorbild für fahrradfreundliche Infrastruktur und hat einen hohen Anteil an Fahrradpendlern.
- **Konsumverhalten:** Reduktion von Abfall, Reparatur und Wiederverwendung von Produkten. Die „Repair Cafés" in vielen deutschen Städten bieten Menschen die Möglichkeit, defekte Gegenstände zu reparieren, anstatt sie wegzuwerfen.

Naturverbundenheit

Naturverbundenheit ist ein zentraler Aspekt eines genügsamen Lebensstils. Sie fördert ein tieferes Verständnis für die Umwelt und die Ressourcen, die sie bietet. Menschen, die regelmäßig Zeit in der Natur verbringen, entwickeln oft ein stärkeres Bewusstsein für die Notwendigkeit, diese zu schützen. Aktivitäten wie Wandern, Gärtnern oder die Teilnahme an Naturschutzprojekten können das Umweltbewusstsein stärken und zur persönlichen Zufriedenheit beitragen. Die Natur bietet nicht nur Erholung und Inspiration, sondern auch die Möglichkeit, nachhaltige Praktiken zu erlernen und umzusetzen. Menschen, die in der Natur leben, wie etwa in Ökodörfern oder nachhaltigen Gemeinschaften, zeigen oft, wie ein Leben im Einklang mit der Umwelt aussehen kann.

Geschichten von Menschen, die in der Natur leben

Es gibt viele inspirierende Geschichten von Menschen, die sich für ein Leben in der Natur entschieden haben. Folgende Geschichten verdeutlichen, wie ein genügsames Leben im Einklang mit der Umwelt aussehen kann:

- **Familie Schneider:** Die Schneiders aus Bayern haben ihren Lebensstil radikal verändert und leben nun in einem Tiny House auf dem Land im Einklang mit der Natur. Sie bauen ihr eigenes Gemüse an, nutzen Solarenergie und haben ihren Konsum drastisch reduziert.
- **Ökodorf Bewohner:** Die Gemeinschaft „Sieben Linden" in Sachsen-Anhalt lebt in einem autarken Ökodorf, das auf Nachhaltigkeit und Gemeinschaft setzt. Die Bewohner teilen Ressourcen, setzen auf erneuerbare Energien und bauen ihre eigenen Lebensmittel an. Mit diesem Modell zeigen sie, wie ein genügsames und umweltbewusstes Leben in der Praxis aussehen kann.

Diese Beispiele verdeutlichen, dass ein genügsames Leben nicht nur möglich, sondern auch erfüllend sein kann. Sie inspirieren andere, über ihren eigenen Lebensstil nachzudenken und möglicherweise Veränderungen vorzunehmen, die zu einem geringeren ökologischen Fußabdruck führen.

Umweltbildung

Die Initiativen zur Bildung für nachhaltige Entwicklung (BNE) sind entscheidend, um das Umweltbewusstsein zu fördern und Menschen zu befähigen, nachhaltige Entscheidungen zu treffen. BNE zielt darauf ab, Lernende aller Altersgruppen in die Lage zu versetzen, die globalisierte Welt aktiv und verantwortungsbewusst zu gestalten.

Zum Beispiel zielt das UNESCO-Programm „BNE 2030" darauf ab, die globalen Nachhaltigkeitsziele (SDGs) durch Bildung zu erreichen. Es fördert das Verständnis der SDGs und motiviert zum Handeln für eine nachhaltige Zukunft. Durch Workshops, Schulungen und Bildungsprojekte werden Menschen weltweit befähigt, nachhaltige Praktiken in ihren Alltag zu integrieren.

Programme und Initiativen weltweit

Weltweit gibt es zahlreiche weitere Programme und Initiativen, die Umweltbildung und nachhaltige Entwicklung fördern:

- **Project Wings:** Diese Initiative bietet Umweltbildungsprogramme in Deutschland und Indonesien an, die Theorie und Praxis verbinden, um Schüler zu nachhaltigem Handeln zu befähigen.
- **Aquazoo Löbbecke Museum:** Dieses Museum in Düsseldorf verbindet Naturkunde mit Umweltbildung und fördert das Bewusstsein für den Schutz der biologischen Vielfalt.
- **Landesnetzwerk Umweltbildung:** Dieses Netzwerk in Baden-Württemberg zeigt durch Projekte wie „Lebendiger Weinberg" innovative Wege, um Nachhaltigkeit in der Praxis umzusetzen, beispielsweise im Weinbau.

Diese Programme zeigen, wie Bildung und Engagement zu einer nachhaltigeren Zukunft beitragen können, indem sie Menschen motivieren, umweltfreundliche Praktiken in ihren Alltag zu integrieren.

FAZIT: Zusammenfassend kann festgestellt werden, dass Genügsamkeit und Umweltbewusstsein eng miteinander verbunden sind und Lösungen für viele der drängenden Umweltprobleme unserer Zeit bieten. Durch die Reduzierung des ökologischen Fußabdrucks, die Förderung von Naturverbundenheit und die Implementierung von Umweltbildung können wir zu einer nachhaltigeren und gerechteren Welt beitragen. Die Fallbeispiele und Initiativen zeigen, dass es viele Wege gibt, umweltfreundlicher zu leben und dass Bildung ein Schlüssel zur Veränderung ist.

KAPITEL 16: Genügsamkeit und Wirtschaft

In einer Welt, die mit Ressourcenknappheit und Umweltproblemen konfrontiert ist, gewinnen Konzepte wie Genügsamkeit und Nachhaltigkeit in der Wirtschaft zunehmend an Bedeutung. Diese Prinzipien fördern nicht nur einen bewussteren Umgang mit Ressourcen, sondern bieten auch innovative Geschäftsmodelle, die sowohl ökologisch als auch ökonomisch vorteilhaft sind.

Wirtschaftliche Modelle der Genügsamkeit

Genügsamkeit in der Wirtschaft manifestiert sich in Modellen, die auf Nachhaltigkeit und Ressourcenschonung abzielen. Diese Modelle fördern den bewussten Umgang mit Ressourcen und setzen auf Effizienz und Langlebigkeit.

Kreislaufwirtschaft und Sharing Economy

Ein prominentes Beispiel ist die Kreislaufwirtschaft, die darauf abzielt, den Lebenszyklus von Produkten zu verlängern und Abfall zu minimieren, indem Materialien wiederverwendet, repariert und recycelt werden.

Die Sharing Economy ist ein weiteres Modell, das Genügsamkeit in der Wirtschaft fördert. Sie basiert auf dem Prinzip des Teilens von Ressourcen, um deren Nutzung zu maximieren und den Bedarf an neuen Produkten zu reduzieren.

Plattformen wie Airbnb und Uber sind Beispiele für die Sharing Economy, die es Nutzern ermöglichen, auf Dienstleistungen und Güter zuzugreifen, ohne sie besitzen zu müssen. Die Kreislaufwirtschaft ergänzt die Sharing Economy, indem sie den Fokus auf die Wiederverwendung und das Recycling von Materialien legt, um den Ressourcenverbrauch weiter zu reduzieren.

Beispiele erfolgreicher Modelle

- **Apple** ist bekannt für seine frugale Innovationsstrategie, die sich auf Einfachheit, Funktionalität und Erschwinglichkeit konzentriert. Ein Beispiel hierfür ist das iPhone SE, eine kostengünstigere Version des iPhones, die speziell für preisbewusste Verbraucher entwickelt wurde.
- **Toyota** hat eine frugale Innovationsstrategie implementiert, um erschwingliche und zugängliche Autos für Verbraucher in entwickelten Märkten zu entwickeln. Modelle wie der Toyota Yaris und der Toyota Corolla sind Beispiele für kostengünstige und zuverlässige Transportmöglichkeiten.
- **Zara**, ein Bekleidungshändler, hat eine frugale Innovationsstrategie entwickelt, um erschwingliche und nachhaltige Modeprodukte zu liefern. Durch effiziente Lieferketten- und Bestandsmanagementsysteme kann Zara Modeprodukte schnell und kostengünstig an Verbraucher liefern.

Unternehmen und Genügsamkeit

Förderung von Genügsamkeit in Unternehmen

Unternehmen können Genügsamkeit auf verschiedene Weise fördern, indem sie nachhaltige Praktiken in ihre Geschäftsmodelle integrieren. Dazu gehören die folgenden Beispiele:

- **Effiziente Ressourcennutzung:** Unternehmen können durch den Einsatz energieeffizienter Technologien und Prozesse ihren Ressourcenverbrauch minimieren.
- **Nachhaltige Lieferketten:** Die Auswahl von Lieferanten, die nachhaltige Praktiken anwenden, kann den ökologischen Fußabdruck eines Unternehmens erheblich reduzieren.
- **Produktlebenszyklus-Management:** Durch die Verlängerung der Lebensdauer von Produkten und die Förderung von Reparatur und Wiederverwendung können Unternehmen Abfall reduzieren und Ressourcen schonen.

Effiziente Nutzung von Ressourcen in Unternehmen

Unternehmen können durch Genügsamkeit ihre Ressourcen effizienter nutzen, indem sie verschiedene Strategien und Ansätze verfolgen, die ihnen nicht nur ökonomische, sondern zugleich auch ökologische Vorteile bieten.

Im Folgenden sind einige Möglichkeiten dargestellt, wie Genügsamkeit ganz konkret zur effizienteren Ressourcennutzung beitragen kann, jeweils in Verbindung mit einem Fallbeispiel:

1. **Optimierung der Ressourcennutzung:** Die Einführung von Ressourceneffizienz zielt darauf ab, den Ressourcenverbrauch vom Wirtschaftswachstum zu entkoppeln. Unternehmen können durch die Implementierung effizienter Produktionsprozesse und Technologien ihren Material- und Energieverbrauch reduzieren. Dies bedeutet, dass weniger Rohstoffe benötigt werden, um die gleiche Menge an Produkten zu produzieren, was sowohl die Kosten senkt als auch die Umweltbelastung verringert.

   Fallbeispiel: In der Automobilindustrie setzen Unternehmen wie Toyota auf schlanke Produktionsmethoden, um den Materialverbrauch zu minimieren. Durch die Implementierung von Just-in-Time-Produktion und kontinuierlicher Verbesserung (Kaizen) wird der Materialeinsatz optimiert und Abfall reduziert.

2. **Implementierung von Ressourcenmanagement:** Das Management der Ressourcen ist entscheidend, um begrenzte Ressourcen optimal zu nutzen. Unternehmen müssen sorgfältig planen, wie sie ihre Ressourcen einsetzen, um eine nachhaltige Entwicklung zu gewährleisten. Dies umfasst die Planung und Vorhersage des Ressourcenbedarfs, die Beschaffung und Zuweisung von Ressourcen sowie die Überwachung und Bewertung ihrer Nutzung.

   Fallbeispiel: In Beratungsunternehmen ist ein effizientes Ressourcenmanagement unerlässlich, um die Auslastung der Berater zu optimieren. Durch den Einsatz von Ressourcenmanagement-Tools können Unternehmen sicherstellen, dass die richtigen Ressourcen zur richtigen Zeit am richtigen Ort verfügbar sind, um maximale Effizienz zu gewährleisten.

3. **Förderung der Kreislaufwirtschaft:** Die Kreislaufwirtschaft ist ein Modell, das darauf abzielt, den Lebenszyklus von Produkten zu verlängern und Abfall zu minimieren, indem Materialien wiederverwendet, repariert und recycelt werden. Unternehmen, die auf dieses Modell setzen, können ihre Ressourcennutzung erheblich verbessern.

   Fallbeispiel: Unternehmen wie Fairphone in der Elektronikindustrie fördern die Reparatur und Wiederverwendung ihrer Produkte. Fairphone bietet modulare Smartphones an, die leicht repariert werden können, wodurch die Lebensdauer der Geräte verlängert und der Bedarf an neuen Materialien reduziert wird.

4. **Nutzung von Technologie und Innovation:** Der Einsatz neuer Technologien kann Unternehmen helfen, Ressourcen effizienter zu nutzen. Dies umfasst den Einsatz von Softwarelösungen und ERP-Systemen, die die Planung und Verwaltung von Ressourcen optimieren.

   Fallbeispiel: In der Fertigungsindustrie setzen Unternehmen zunehmend auf Automatisierung und digitale Technologien, um ihre Produktionsprozesse zu optimieren und den Materialverbrauch zu reduzieren. Durch den Einsatz von Sensoren und Datenanalysen können Unternehmen den Ressourcenverbrauch in Echtzeit überwachen und Anpassungen vornehmen, um die Effizienz zu maximieren.

5. **Nachhaltige Lieferketten:** Unternehmen können durch die Auswahl nachhaltiger Lieferanten und die Optimierung ihrer Lieferketten den ökologischen Fußabdruck reduzieren. Dies umfasst die Zusammenarbeit mit Lieferanten, die umweltfreundliche Praktiken anwenden, und die Implementierung von Maßnahmen zur Reduzierung von Transportemissionen.

   Fallbeispiel: In der Modeindustrie arbeiten Unternehmen wie Patagonia mit nachhaltigen Lieferanten zusammen und setzen auf umweltfreundliche Materialien, um ihren ökologischen Fußabdruck zu minimieren. Patagonia fördert zudem die Reparatur und Wiederverwendung von Kleidung, um die Lebensdauer der Produkte zu verlängern.

Genügsamkeit als Geschäftsstrategie

Vorteile für Unternehmen und Kunden

Genügsamkeit kann als Geschäftsstrategie eingesetzt werden, um Wettbewerbsvorteile zu erzielen. Unternehmen, die auf genügsame Praktiken setzen, können beispielsweise von den folgenden Vorteilen profitieren:

- **Kosten senken:** Durch die Reduzierung von Abfall und den effizienten Einsatz von Ressourcen können Unternehmen ihre Betriebskosten senken und ihre Wettbewerbsfähigkeit steigern.
- **Markenimage verbessern:** Ein Engagement für Nachhaltigkeit kann das Markenimage stärken und Kunden anziehen, die Wert auf umweltfreundliche Produkte legen.
- **Innovationen fördern:** Genügsamkeit erfordert oft innovative Ansätze zur Produktentwicklung und Geschäftsmodellgestaltung, was zu neuen Marktchancen führen kann.
- **Kundenbindung stärken:** Genügsamkeit kann zu einer stärkeren Kundenbindung führen, da immer mehr Verbraucher Wert auf Nachhaltigkeit legen.

Die Implementierung von Genügsamkeit bietet auch für Kunden zahlreiche Vorteile. Kunden können zum Beispiel von erschwinglicheren und nachhaltigeren Produkten und Dienstleistungen profitieren. Durch die Sharing Economy können sie Zugang zu einer Vielzahl von Produkten erhalten, ohne diese besitzen zu müssen, was Kosten spart und den Ressourcenverbrauch reduziert.

Strategien für Unternehmen zur Implementierung

Um Genügsamkeit erfolgreich in die Geschäftsstrategie zu implementieren, können Unternehmen zum Beispiel die folgenden Strategien verfolgen:

- **Bildung und Sensibilisierung:** Unternehmen sollten ihre Mitarbeiter und Kunden über die Vorteile genügsamer Praktiken aufklären und sie dazu ermutigen, nachhaltige Entscheidungen zu treffen.

- **Partnerschaften und Kooperationen:** Die Zusammenarbeit mit anderen Unternehmen, NGOs und Regierungsorganisationen kann den Zugang zu Ressourcen und Wissen erleichtern, die für die Umsetzung genügsamer Praktiken notwendig sind.
- **Technologische Innovation:** Der Einsatz neuer Technologien kann helfen, Ressourcen effizienter zu nutzen und den ökologischen Fußabdruck zu reduzieren.

Genügsamkeit in Unternehmen ist nicht nur eine Reaktion auf ökologische Herausforderungen, sondern bietet auch eine Chance, innovative Geschäftsmodelle zu entwickeln, die den Unternehmen und der Gesellschaft zugutekommen. Durch die Integration von genügsamen Praktiken können Unternehmen nachhaltiger wirtschaften und gleichzeitig ihre Wettbewerbsfähigkeit stärken.

Beispiele von Unternehmen mit genügsamen Produkten

Weltweit gibt es zahlreiche Beispiele von Unternehmen, die genügsame Produkte entwickelt haben und sich damit erfolgreich am Markt etabliert haben:

- **MittiCool**, ein Unternehmen in Indien, hat einen Kühlschrank aus Ton entwickelt, der ohne Strom auskommt und Lebensmittel frisch hält. Dieses Produkt kombiniert traditionelles Wissen mit modernen Bedürfnissen und zeigt, wie frugale Innovation in ressourcenbeschränkten Umgebungen erfolgreich sein kann.
- **Embrace Innovations**, ein Unternehmen, das von Stanford-Absolventen gegründet wurde, hat einen tragbaren Säuglingswärmer entwickelt, der nur 200 US-Dollar kostet und weltweit das Leben von fast 500.000 Babys gerettet hat. Diese Innovation zeigt, wie frugale Ansätze lebensrettende Technologien erschwinglich machen können.

FAZIT: Durch die Implementierung genügsamer Praktiken können Unternehmen ihre Ressourcennutzung optimieren und gleichzeitig ihre Wettbewerbsfähigkeit steigern. Dies erfordert eine Kombination aus effizientem Ressourcenmanagement, technologischen Innovationen und nachhaltigen Geschäftsmodellen, die sowohl ökonomische als auch ökologische Vorteile bieten. Unternehmen, die diese Ansätze verfolgen, können nicht nur ihre Betriebskosten senken, sondern auch ihr Markenimage stärken und neue Marktchancen erschließen.

KAPITEL 17: Genügsamkeit und Politik

Dieses Kapitel untersucht die Rolle der Politik bei der Förderung von Genügsamkeit als wesentlichen Bestandteil einer nachhaltigen Entwicklung. Genügsamkeit, auch als Suffizienz bezeichnet, zielt darauf ab, den Ressourcenverbrauch zu minimieren und innerhalb der planetaren Grenzen zu leben. Dies erfordert umfassende politische Rahmenbedingungen, Gesetze und Richtlinien, die Genügsamkeit unterstützen und fördern.

Politische Rahmenbedingungen

Gesetze und Richtlinien zur Förderung von Genügsamkeit

Politische Rahmenbedingungen sind entscheidend, um Genügsamkeit zu institutionalisieren und zu fördern. Diese umfassen eine Vielzahl von Gesetzen und Richtlinien, die darauf abzielen, den Ressourcenverbrauch zu reduzieren und nachhaltige Praktiken zu fördern. Beispiele hierfür sind:

- **Ökologische Steuerreformen:** Diese zielen darauf ab, umweltfreundliches Verhalten zu belohnen und umweltschädliches Verhalten zu sanktionieren. Durch die Besteuerung von Ressourcenverbrauch und Umweltverschmutzung können Anreize für genügsame Praktiken geschaffen werden.
- **Förderung erneuerbarer Energien:** Gesetze, die den Ausbau erneuerbarer Energien unterstützen, tragen dazu bei, den ökologischen Fußabdruck zu verringern und eine nachhaltige Energieversorgung sicherzustellen.

Beispiele aus verschiedenen Ländern

Die folgenden drei Beispiele geben uns einen kleinen Einblick über verschiedene Initiativen, die in einigen Ländern Europas implementiert wurden:

- **Deutschland:** In Deutschland gibt es zahlreiche Initiativen und Programme, die Genügsamkeit fördern. Städte wie beispielsweise Tübingen setzen auf Konzeptvergaben und gemeinschaftliches Wohnen, um den Flächenverbrauch zu reduzieren und nachhaltige Lebensweisen zu fördern.
- **Schweiz:** Die 2000-Watt-Gesellschaft in Zürich ist ein prominentes Beispiel für die Umsetzung von Genügsamkeit. Diese Initiative zielt darauf ab, den Energieverbrauch pro Kopf auf 2000 Watt zu reduzieren, ohne die Lebensqualität zu beeinträchtigen.
- **Dänemark:** Kopenhagen verfolgt das Ziel, bis 2025 CO2-neutral zu werden. Dies wird durch eine Kombination aus Energieeffizienzmaßnahmen, dem Ausbau erneuerbarer Energien und der Förderung des Radverkehrs erreicht.

Genügsamkeit in der Stadtplanung

Nachhaltige Stadtentwicklung und Genügsamkeit

Nachhaltige Stadtentwicklung integriert Genügsamkeit durch die Schaffung kompakter, nutzungsgemischter Quartiere und die Stärkung des öffentlichen Raums. Dies reduziert den Flächenverbrauch und fördert eine nachhaltige Nutzung von Ressourcen, dazu gehören:

- **Verdichtung und Nutzungsmischung:** Durch die Förderung von Wohn- und Geschäftsräumen in unmittelbarer Nähe werden Verkehrswege verkürzt und der Bedarf an motorisiertem Individualverkehr reduziert.
- **Grünflächen im öffentlichen Raum:** Die Schaffung und Erhaltung von Grünflächen trägt zur Lebensqualität bei und fördert ein gesundes städtisches Klima.

Fallstudien erfolgreicher Städte

- **Flensburg:** Im Rahmen des Forschungsprojekts „Entwicklungschancen und -hemmnisse suffizienzorientierter Stadtentwicklung" wurden in Flensburg Maßnahmen zur Reduzierung des Ressourcenverbrauchs implementiert. Dies umfasst neben anderen Maßnahmen

die Förderung von Carsharing und die Verbesserung der Radinfra-
struktur.

- **Ulm:** Die Stadt Ulm verfolgt eine aktive Bodenpolitik, um die nachhaltige Nutzung von Flächen zu fördern. Durch die gezielte Steuerung der Flächennutzung wird der Zugang zu städtischem Raum gerecht gestaltet und der Flächenverbrauch minimiert.

Bürgerbeteiligung und Genügsamkeit

Förderung von Genügsamkeit in der Politik durch Bürger

Bürgerbeteiligung ist ein wesentlicher Faktor für die Förderung von Genügsamkeit. Durch partizipative Prozesse können Bürger direkt Einfluss auf politische Entscheidungen nehmen und nachhaltige Praktiken unterstützen. Beispiele für erfolgreiche Bürgerbeteiligung sind:

- **Bürgerentscheide und Bürgerräte:** Diese Instrumente ermöglichen es Bürgern, ihre Stimme zu Themen der Genügsamkeit zu erheben und konkrete Maßnahmen zu fordern.
- **Nachbarschaftsinitiativen:** Lokale Gruppen können Projekte zur Förderung von Genügsamkeit initiieren, wie z.B. Gemeinschafts-gärten oder Energiegenossenschaften.

Erfolgreiche Initiativen und Bewegungen

- **Suffizienzpolitik in Baden-Württemberg:** Diese Initiative zeigt, wie politische Maßnahmen zur Förderung von Genügsamkeit beitragen können. Die Politik unterstützt Suffizienz als Strategie und entwickelt Politikinstrumente, die von verschiedenen Gruppen getragen werden.
- **Transition Town Bewegung:** Diese globale Bewegung fördert lokale Initiativen zur Reduzierung des Ressourcenverbrauchs und zur Stärkung der Resilienz von Gemeinschaften. Städte wie Totnes in England sind Vorreiter dieser Bewegung und zeigen, wie Bürgerbe-teiligung zur Förderung von Genügsamkeit beitragen kann.

FAZIT: Insgesamt zeigt uns dieses Kapitel, dass Genügsamkeit nicht nur eine individuelle Entscheidung ist, sondern durch politische Rahmenbedingungen, Stadtplanung und Bürgerbeteiligung gefördert werden kann. Erfolgreiche Beispiele aus verschiedenen Ländern verdeutlichen uns, dass Genügsamkeit eine wichtige Rolle in der nachhaltigen Entwicklung spielt und durch kollektive Anstrengungen erreicht werden kann.

KAPITEL 18: Genügsamkeit und Kultur

Dieses Kapitel untersucht, wie Genügsamkeit in unterschiedlichen kulturellen Kontexten dargestellt und gefördert wird. Diese Betrachtung umfasst Darstellungen in Literatur, Film und Kunst, sowie kulturelle Unterschiede und Gemeinsamkeiten weltweit. Zudem wird auf kulturelle Veranstaltungen und Festivals eingegangen, die Genügsamkeit thematisieren.

Kulturelle Darstellungen der Genügsamkeit

Genügsamkeit in Literatur, Film und Kunst

In der Literatur wird Genügsamkeit oft als Gegenentwurf zu Konsum und Überfluss thematisiert. Ein klassisches Beispiel ist Walden von Henry David Thoreau, dass die Vorzüge eines einfachen Lebens in der Natur beschreibt. Weitere Beispiele für literarische Werke, die Genügsamkeit thematisieren, sind:

- **Little Women von Louisa May Alcott:** Dieses Werk zeigt, wie eine Familie in bescheidenen Verhältnissen lebt und dennoch Zufriedenheit und Glück findet.
- **A Tree Grows in Brooklyn von Betty Smith:** Der Roman beschreibt das Leben einer Familie, die mit Armut kämpft, aber durch Genügsamkeit und Zusammenhalt überlebt.

In Filmen wird Genügsamkeit häufig durch Geschichten über Charaktere thematisiert, die sich entweder bewusst für ein einfacheres Leben entscheiden oder durch äußere Umstände gezwungen werden, mit weniger auszukommen. Zwei Beispiele für Filme mit dieser Thematik sind:

- **Into the Wild:** Dieser Film erzählt die wahre Geschichte von Christopher McCandless, der sein komfortables Leben für immer aufgibt, um in der Wildnis Alaskas ein einfaches und glückliches Dasein zu führen.

- **Nomadland:** Der Film zeigt das Leben von Menschen, die in Wohnmobilen durch die USA reisen und ein genügsames Leben führen, nachdem sie alles verloren haben.

In der Kunst wird Genügsamkeit oft durch minimalistische Ansätze und die Betonung natürlicher Materialien und Formen dargestellt. Künstlerische Bewegungen wie der Minimalismus betonen die Schönheit des Einfachen und die Reduktion auf das Wesentliche. Künstler wie Donald Judd und Agnes Martin sind bekannt für ihre minimalistischen Werke, die oft Genügsamkeit und Einfachheit verkörpern.

Kulturelle Unterschiede

Genügsamkeit in verschiedenen Kulturen

Genügsamkeit wird in verschiedenen Kulturen unterschiedlich interpretiert und gelebt. In vielen asiatischen Kulturen, insbesondere im Buddhismus, wird Genügsamkeit als Tugend betrachtet, die zur inneren Zufriedenheit und spirituellen Erfüllung führt. Die Praxis des Zen-Buddhismus legt großen Wert auf Einfachheit und Achtsamkeit, was sich in der Architektur und im Lebensstil widerspiegelt.

In westlichen Kulturen wird Genügsamkeit zunehmend als Reaktion auf die negativen Auswirkungen von Überkonsum und Umweltzerstörung gesehen. Die Bewegung des Minimalismus, die in den USA populär wurde, propagiert ein Leben mit weniger Besitz, um mehr Freiheit und Zufriedenheit zu erlangen.

Vergleichende Studien

Vergleichende Studien zeigen, dass Kulturen, die traditionell einen geringeren Ressourcenverbrauch haben, oft eine tiefere Wertschätzung für Genügsamkeit und Nachhaltigkeit entwickeln. Beispielsweise haben indigene Kulturen oft Praktiken und Überzeugungen, die im Einklang mit der Natur stehen und Genügsamkeit fördern. Die Maori in Neuseeland und die First Nations in Kanada betonen den Respekt vor der Natur und die Notwendigkeit, Ressourcen nachhaltig zu nutzen.

Kulturelle Veranstaltungen

Festivals und Events zur Förderung von Genügsamkeit

Kulturelle Veranstaltungen und Festivals spielen eine wichtige Rolle bei der Förderung von Genügsamkeit. Diese Events bieten Plattformen für den Austausch von Ideen und Praktiken, die Genügsamkeit und Nachhaltigkeit unterstützen. Beispiele sind:

- **Transition Town Festivals:** Diese Veranstaltungen fördern lokale Initiativen zur Reduzierung des Ressourcenverbrauchs und zur Stärkung der Resilienz von Gemeinschaften. Sie bieten Workshops und Vorträge zu Themen wie Urban Gardening und nachhaltiger Energie.
- **Minimalismus-Festival:** Dieses Festival bringt Menschen zusammen, die sich für ein einfacheres Leben interessieren. Es bietet Vorträge, Workshops und Diskussionen über die Vorteile eines genügsamen Lebensstils.

Erfahrungsberichte

Erfahrungsberichte von Teilnehmern solcher Veranstaltungen zeigen oft, dass diese Events nicht nur das Bewusstsein für Genügsamkeit schärfen, sondern auch praktische Anleitungen und Inspiration für die Umsetzung im Alltag bieten. Teilnehmer berichten häufig von einer gestärkten Gemeinschaft und einem tieferen Verständnis für die Vorteile eines genügsamen Lebensstils.

FAZIT: Insgesamt zeigt dieses Kapitel, dass Genügsamkeit in der Kultur eine vielfältige und bedeutende Rolle spielt. Durch Literatur, Kunst, Film und kulturelle Veranstaltungen wird Genügsamkeit nicht nur dargestellt, sondern auch aktiv gefördert und diskutiert. Diese kulturellen Ausdrucksformen tragen dazu bei, das Bewusstsein für die Notwendigkeit eines nachhaltigen Lebensstils zu schärfen und bieten Inspiration für individuelle und kollektive Veränderungen.

KAPITEL 19: Genügsamkeit und persönliche Entwicklung

Genügsamkeit und persönliche Entwicklung sind zwei Konzepte, die sich gegenseitig verstärken und zu einem erfüllteren Leben führen können.

Dieses Kapitel betrachtet verschiedene Methoden der Selbstreflexion, gibt Tipps für die praktische Umsetzung im Alltag und zeigt einige alltägliche Beispiele auf.

Selbstreflexion und Genügsamkeit

Der persönliche Weg zur Genügsamkeit beginnt oft mit tiefgreifender Selbstreflexion. Diese ermöglicht es uns, unsere wahren Bedürfnisse von oberflächlichen Wünschen zu unterscheiden und ein authentischeres Verständnis unseres Selbst zu entwickeln.

Natascha, eine 35-jährige Marketingmanagerin, fühlte sich trotz ihres beruflichen Erfolgs und eines hohen Einkommens unerfüllt. Durch regelmäßige Meditation und Journaling begann sie, ihre Werte und Prioritäten zu hinterfragen. Sie erkannte, dass ihr Streben nach materiellem Erfolg sie von ihren wahren Leidenschaften – Naturschutz und Gemeinschaftsarbeit – entfernt hatte. Diese Erkenntnis führte zu einer grundlegenden Neuausrichtung ihres Lebens.

Selbstreflexion kann in verschiedenen Formen durchgeführt werden:

1. **Stille Kontemplation:** Regelmäßige Zeiten der Stille, in denen man seinen Gedanken nachspürt.
2. **Strukturiertes Journaling:** Tägliches Schreiben zu bestimmten Fragen oder Themen.
3. **Gespräche mit Vertrauten:** Tiefgehende Diskussionen über Lebensziele und Werte.
4. **Professionelles Coaching oder Therapie:** Geführte Selbsterforschung mit einem Experten.

Methoden zur Selbsterkenntnis und Entwicklung

Es gibt zahlreiche Methoden, um Selbsterkenntnis zu fördern und persönliche Entwicklung voranzutreiben. Hier sind einige Methoden genannt, jeweils in Verbindung mit einem anschaulichen Beispiel:

- **Meditation:** Eine bewährte Technik ist die Vipassana-Meditation. Dabei beobachtet man neutral den Atem und die aufkommenden Gedanken, ohne sie zu bewerten. Diese Praxis kann helfen, Gedankenmuster zu erkennen und innere Ruhe zu finden.
  Beispiel: Tom, ein gestresster Anwalt, begann mit einer täglichen 20-minütigen Meditationspraxis. Nach drei Monaten bemerkte er, dass er gelassener auf Herausforderungen reagierte und klarer denken konnte.

- **Achtsamkeitsübungen:** Die „Body Scan"-Methode ist eine effektive Achtsamkeitsübung. Dabei lenkt man die Aufmerksamkeit systematisch durch den Körper, von den Zehen bis zum Kopf, und nimmt dabei jede Empfindung wahr.
  Beispiel: Lea, eine Lehrerin mit Schlafproblemen, praktizierte den Body Scan jeden Abend vor dem Schlafengehen. Nach einigen Wochen verbesserte sich ihre Schlafqualität deutlich, und sie fühlte sich tagsüber energiegeladener.

- **Journaling:** Eine strukturierte Journaling-Methode ist das „Morning Pages"-Konzept von Julia Cameron. Dabei schreibt man jeden Morgen drei Seiten lang frei von der Leber weg, ohne zu zensieren oder zu bewerten.
  Beispiel: Mike, ein Künstler mit Schreibblockade, begann mit den Morning Pages. Nach einem Monat sprudelten die kreativen Ideen wieder, und er fühlte sich insgesamt ausgeglichener.

- **Feedback:** Die „360-Grad-Feedback"-Methode, bei der man Rückmeldungen von Vorgesetzten, Kollegen, Untergebenen und persönlichen Kontakten einholt, kann wertvolle Einsichten liefern.
  Beispiel: Emma, eine Teamleiterin, war überrascht zu erfahren, dass ihr direkter Kommunikationsstil von einigen Teammitgliedern als zu harsch empfunden wurde. Diese Erkenntnis half ihr, ihren Führungsstil anzupassen und die Teamdynamik zu verbessern.

Praktische Übungen

Konkrete Übungen können den Weg zu mehr Genügsamkeit und persönlicher Entwicklung unterstützen. Im Folgenden werden einige hilfreiche Übungen aufgeführt:

- **Dankbarkeitstagebuch:** Notiere dir jeden Abend drei Dinge, für die du an diesem Tag dankbar bist. Sei dabei so spezifisch wie möglich.

  Beispiel Montag:

  1. Der herzliche Gruß von meinem Nachbarn am Morgen.

  2. Der Duft des frisch gebackenen Brotes in der Bäckerei.

  3. Das Lachen meines Sohnes beim Vorlesen der Gutenachtgeschichte.

  Beispiel Dienstag:

  1. Die warme Sonne auf meinem Gesicht während der Mittagspause.

  2. Die Hilfsbereitschaft eines Kollegen bei einem schwierigen Projekt.

  3. Der entspannende Spaziergang im Park nach der Arbeit.

- **Bedürfnis-Wunsch-Analyse:** Erstelle zwei Spalten: „Bedürfnisse" und „Wünsche". Trage eine Woche lang alles ein, was dir in den Sinn kommt. Reflektiere am Ende der Woche über deine Einträge.

  Beispiele für Bedürfnisse: Gesunde Ernährung, ausreichend Schlaf, soziale Kontakte, sicherer Arbeitsplatz, etc.

  Beispiele für Wünsche: Neues Smartphone, Designerkleidung, Luxusurlaub, größere Wohnung, etc.

  Bei der Analyse dieser beispielhaften Aufzählungen fällt auf, dass viele der „Wünsche" nicht wesentlich zur Lebensqualität beitragen, während die „Bedürfnisse" fundamental für das Wohlbefinden sind.

- **Wertepyramide:** Erstelle eine Pyramide deiner Werte, mit den wichtigsten an der Spitze. Überprüfe regelmäßig, ob dein tägliches Leben diese Wertehierarchie widerspiegelt.

  Beispiel:

  1. Familie

  2. Gesundheit

  3. Persönliches Wachstum

  4. Gemeinschaftsengagement

  5. Karriere

  6. Finanzieller Wohlstand

Genügsamkeit als Lebensstil

Genügsamkeit als Lebensstil zu etablieren, bedeutet, bewusst mit Ressourcen umzugehen und sich auf das Wesentliche zu konzentrieren. Es geht darum, Zufriedenheit im Hier und Jetzt zu finden, anstatt ständig nach mehr zu streben.

Die Familie Baier entschied sich für einen genügsamen Lebensstil. Sie reduzierten ihren Besitz auf das Wesentliche, zogen in eine kleinere Wohnung und verzichteten auf ein Auto. Stattdessen investierten sie in hochwertige, langlebige Produkte, nutzten öffentliche Verkehrsmittel und das Fahrrad. Sie stellten fest, dass sie durch diese Änderungen nicht nur Geld sparten, sondern auch weniger Stress empfanden und mehr Zeit für gemeinsame Aktivitäten und persönliche Interessen hatten.

Genügsamkeit kann sich in verschiedenen Lebensbereichen manifestieren, wie die folgenden Beispiele zeigen:

- **Konsum:** Bewusster Einkauf, Reparieren statt Wegwerfen, Tauschen und Teilen.
- **Ernährung:** Saisonale und regionale Produkte, weniger Fleischkonsum, selbst kochen statt Fertiggerichte.
- **Wohnen:** Kleinere, energieeffiziente Wohnungen, Minimalismus in der Einrichtung.
- **Freizeit:** Fokus auf Erlebnisse und Beziehungen statt materieller Anschaffungen.
- **Arbeit:** Balance zwischen Karriere und Privatleben, eventuell Teilzeitarbeit.

Integration von Genügsamkeit in den Alltag

Um Genügsamkeit in den Alltag zu integrieren, kannst du folgende detaillierte Schritte unternehmen:

1. **Vereinfache deinen Besitz:**
   - Führe die „30-Tage-Regel" ein: Bevor du etwas Neues kaufst, warte 30 Tage. Oft vergeht der Kaufimpuls in dieser Zeit.
   - Praktiziere die „Ein-rein-eins-raus"-Methode: Für jeden neuen Gegenstand, den du erwirbst, gebe einen alten weg.

2. **Praktiziere bewussten Konsum:**
   - Führe ein „Ausgabentagebuch": Notiere jede Ausgabe und reflektiere am Monatsende über deine Konsumgewohnheiten.
   - Stelle dir vor jedem Kauf die Frage: „Wird dieser Gegenstand mein Leben in einem Jahr noch bereichern?"
3. **Kultiviere Dankbarkeit:**
   - Starte den Tag mit einem „Dankbarkeitsritual": Nenne drei Dinge, für die du dankbar bist, bevor du aufstehst.
   - Schreibe einmal pro Woche einen Dankesbrief an eine Person, die dein Leben positiv beeinflusst hat.
4. **Investiere in Erfahrungen:**
   - Plane regelmäßige „Erlebnistage" mit Familie oder Freunden, z.B. Wanderungen, Museumsbesuche oder gemeinsames Kochen.
   - Lerne eine neue Fähigkeit, z.B. durch einen Sprach- oder Musikkurs.

Geschichten von genügsamen Menschen

- **Maria, die Stadtmanagerin:** Die 42-jährige Maria war eine erfolgreiche Managerin in einer Großstadt. Trotz ihres hohen Einkommens fühlte sie sich gestresst und unerfüllt. Nach einer Burnout-Erfahrung beschloss sie, ihr Leben radikal zu ändern. Sie kündigte ihren Job, verkaufte ihre Stadtwohnung und zog in ein kleines Dorf. Dort eröffnete sie einen Bio-Hofladen und begann, Yoga zu unterrichten. Obwohl ihr Einkommen deutlich sank, berichtet Maria von einer nie gekannten Zufriedenheit und Lebensqualität. Sie genießt die Nähe zur Natur, die engeren Beziehungen in der Dorfgemeinschaft und die Möglichkeit, im Einklang mit ihren Werten zu leben.
- **Lukas, der minimalistische Unternehmer:** Der 28-jährige Lukas gründete ein erfolgreiches Tech-Start-up. Anstatt in einen luxuriösen Lebensstil zu investieren, entschied er sich für ein minimalistisches Leben. Er wohnt in einer kleinen, funktionalen Wohnung und besitzt nur etwa 100 persönliche Gegenstände. Den Großteil seines Einkommens spendet er für Bildungsprojekte in Entwicklungsländern. Lukas berichtet, dass die Reduktion auf das Wesentliche ihm half, sich auf seine Unternehmensziele und seine persönliche

Entwicklung zu konzentrieren. Er fühlt sich freier und erfüllter als je zuvor.

- **Die Familie Schulz und ihr Tiny House:** Die vierköpfige Familie Schulz entschied sich, ihr geräumiges Einfamilienhaus gegen ein selbstgebautes Tiny House von 30 Quadratmetern einzutauschen. Anfangs war die Umstellung herausfordernd, doch bald entdeckten sie die Vorteile, wie geringere Kosten, weniger Putzen und Aufräumen, mehr Zeit füreinander. Die Kinder lernten, kreativ mit begrenztem Raum umzugehen und schätzen gemeinsame Aktivitäten im Freien mehr als materiellen Besitz. Die Familie berichtet von einem stärkeren Zusammenhalt und einer neuen Wertschätzung für die kleinen Dinge des Lebens.

Ziele und Visionen

Persönliche Ziele mit Hilfe von Genügsamkeit erreichen

Genügsamkeit kann auf vielfältige Weise dazu beitragen, sich auf wirklich wichtige Ziele zu konzentrieren und eine klare Vision für das eigene Leben zu entwickeln.

Hier sind einige Beispiele, wie Genügsamkeit und persönliche Ziele Hand in Hand gehen können:

- **Karriereziele:** Statt nach der höchstmöglichen Position und dem größten Gehalt zu streben, könnte ein genügsamer Ansatz darin bestehen, eine Rolle anzustreben, die persönliche Erfüllung und Work-Life-Balance bietet.

  Beispiel: Statt eine 60-Stunden-Woche als leitende Angestellte anzustreben, entscheidet sich Jana für eine 30-Stunden-Stelle, die ihr erlaubt, nebenbei als Yoga-Lehrerin zu arbeiten - eine Leidenschaft, die sie lange vernachlässigt hatte.

- **Finanzielle Ziele:** Anstatt nach immer mehr Wohlstand zu streben, könnte das Ziel sein, finanzielle Unabhängigkeit zu erreichen und dabei einen bescheidenen, aber komfortablen Lebensstil zu führen.

  Beispiel: Das Ehepaar Schmidt setzt sich das Ziel, innerhalb von zehn Jahren schuldenfrei zu sein und genug Ersparnisse zu haben, um ihre

Arbeitszeit zu reduzieren und mehr Zeit für Freiwilligenarbeit zu haben.

- **Persönliche Entwicklungsziele:** Statt nach oberflächlichen Status-symbolen zu streben, könnte der Fokus auf innerem Wachstum und der Entwicklung von Fähigkeiten liegen.

  Beispiel: Anstatt in teure Designerkleidung zu investieren, entscheidet sich Maximilian, sein Geld für Sprachkurse und Reisen auszugeben, um seinen Horizont zu erweitern und interkulturelle Kompetenzen zu entwickeln.

- **Fokussierung:** Anstatt viele Kunden zu bedienen, könnte es sinnvoll sein sich auf ausgewählte Kunden zu fokussieren.

  Beispiel: Helena, eine Grafikdesignerin, reduzierte ihre Kunden von 20 auf 5, um sich auf qualitativ hochwertige Projekte zu konzentrieren. Dies führte zu besseren Ergebnissen, zufriedeneren Kunden und letztlich zu einem höheren Einkommen bei weniger Stress.

- **Ressourcenmanagement:** Statt ein eigenes Auto zu besitzen, könnte es vorteilhaft sein, auf andere Fortbewegungsmittel umzusteigen und die frei werdenden finanziellen Mittel anderweitig zu verwenden.

  Beispiel: Peter entschied sich, sein Auto zu verkaufen und stattdessen mit dem Fahrrad zu fahren. Die eingesparten Kosten für Benzin, Versicherung und Wartung investierte er in seine berufliche Weiterbildung zum Webentwickler, was ihm neue Karrieremöglichkeiten eröffnete.

Planung und Umsetzung

Um Genügsamkeit und persönliche Entwicklung erfolgreich in dein Leben zu integrieren, ist eine strukturierte Herangehensweise hilfreich. Die Schritte sind:

1. **Selbstanalyse:** Reflektiere über deine aktuellen Lebensumstände, Werte und Ziele.
2. **Visionsarbeit:** Entwickele eine klare Vorstellung davon, wie ein genügsames und erfülltes Leben für dich aussieht.
3. **Zielsetzung:** Formuliere konkrete, erreichbare Ziele, die dich deiner Vision näherbringen.

4. **Aktionsplan:** Erstelle einen detaillierten Plan mit spezifischen Schritten zur Umsetzung deiner Ziele.
5. **Regelmäßige Überprüfung:** Evaluiere deinen Fortschritt regelmäßig und passe deine Strategien bei Bedarf an.

FAZIT: Durch die bewusste Integration von Genügsamkeit in deinen Lebensstil und durch die kontinuierliche Arbeit an deiner persönlichen Entwicklung, kannst du ein erfüllteres, ausgewogeneres und sinnvolleres Leben führen. Es ist ein Weg, der Geduld und Ausdauer erfordert, aber letztendlich zu tieferer Zufriedenheit und einem authentischeren Selbst führt.

SCHLUSSWORT

Wir sind am Ende unserer gemeinsamen Reise durch die Welt der Genügsamkeit angelangt, einer Reise, die hoffentlich nicht nur dein Denken, sondern auch dein Herz berührt hat. Genügsamkeit ist weit mehr als ein bloßes Konzept – sie ist eine Lebenseinstellung, die uns zu einem erfüllteren, authentischeren und glücklicheren Dasein führen kann. Diese Reise, die wir zusammen unternommen haben, ist in Wahrheit erst der Beginn eines lebenslangen Weges, einer persönlichen Odyssee, auf der jeder Schritt eine neue Entdeckung sein kann.

Der Weg zur Genügsamkeit führt uns zurück zu uns selbst, zu unseren wahren Bedürfnissen und Werten. Wie ein sanfter Fluss, der Steine über die Zeit glättet, so formt die Praxis der Genügsamkeit unser Leben, macht es runder, harmonischer und friedvoller.

Auf dieser Reise haben wir viele wertvolle Erkenntnisse gewonnen. Wir haben gelernt, dass wahre Fülle nicht in der Anhäufung von Besitz liegt, sondern in der Wertschätzung des Vorhandenen. Wir haben erkannt, dass Selbstreflexion und bewusste Entscheidungen der Schlüssel zu einem genügsamen Leben sind. Die Kraft der Dankbarkeit, die Freude am Einfachen und die Befreiung vom Überflüssigen sind Schätze, die wir auf diesem Weg gefunden haben.

Blicken wir in die Zukunft, so sehen wir, dass die Genügsamkeit große Chancen bereithält. In einer Welt, die zunehmend die Grenzen des Wachstums erkennt, wird Genügsamkeit zu einer Tugend, die nicht nur persönliches Wohlbefinden, sondern auch gesellschaftlichen und ökologischen Fortschritt fördert. Wir stehen am Beginn einer Ära, in der Qualität über Quantität triumphiert, in der Sein wichtiger ist als Haben. Diese Entwicklung verspricht eine Zukunft, in der wir im Einklang mit uns selbst und unserer Umwelt leben können.

Paradoxerweise führt Genügsamkeit zu einem Leben in Fülle – einer Fülle, die von innen kommt. Es ist ein reiches Innenleben, geprägt von tiefen Beziehungen und einer Verbundenheit mit der Welt um uns herum. In dieser Fülle finden wir eine Zufriedenheit, die kein materieller

Besitz je schenken könnte. Es ist ein Zustand des Friedens mit sich selbst und der Welt, eine innere Ruhe, die uns durch alle Höhen und Tiefen des Lebens trägt.

Um diesen Weg der Genügsamkeit in unserem Alltag zu verankern, können wir kleine, aber bedeutsame Schritte unternehmen. Beginne jeden Tag mit einem Moment der Dankbarkeit, nimm dir bewusst Zeit, das Positive in deinem Leben wahrzunehmen. Hinterfrage deine Kaufimpulse liebevoll und frage dich: „Brauche ich das wirklich?" Schaffe regelmäßig Raum für Stille und Reflexion in deinem Leben, sei es durch Meditation, einen Spaziergang in der Natur oder einfach einen Moment des bewussten Innehaltens. Pflege bedeutungsvolle Beziehungen anstatt oberflächlicher Kontakte und finde Freude in den kleinen Dingen des Alltags – einem Sonnenstrahl, einem freundlichen Lächeln, dem Duft frisch gebrühten Kaffees.

Lasse uns diese Reise mit einigen inspirierenden Worten beschließen, die uns auf unserem weiteren Weg zur Genügsamkeit leiten können. Sokrates sagte einst: „Genügsamkeit ist natürlicher Reichtum, Luxus ist künstliche Armut." Diese zeitlose Weisheit erinnert uns daran, dass wahre Fülle nicht von äußeren Umständen abhängt, sondern von unserer inneren Einstellung. Ein unbekannter Weiser formulierte es so: „Die reichste Person ist nicht die, die am meisten hat, sondern die, die am wenigsten braucht." Und der Dalai Lama erinnert uns: „Glück ist nicht etwas Fertiges. Es entsteht aus deinen eigenen Handlungen.

„Mögen diese Worte dich auf deinem weiteren Weg begleiten und dir Kraft und Inspiration schenken. Die Reise zur Genügsamkeit ist ein lebenslanges Abenteuer, voller Entdeckungen, Herausforderungen und tiefer Freude. Es ist ein Weg, der uns zu uns selbst führt und uns die wahre Fülle des Lebens erfahren lässt. Jeder Schritt auf diesem Pfad ist wertvoll, jede Erkenntnis ein Geschenk.

Während du dieses Buch schließt und deine ganz persönliche Reise zur Genügsamkeit fortsetzt, wünsche ich dir von Herzen, dass du die Schönheit des Einfachen entdeckst, die Kraft der Zufriedenheit spürst und die tiefe Freude erfährst, die aus einem Leben in Einklang mit deinen wahren Werten entspringt.

Mögest du auf diesem Weg zu dir selbst finden und die wahre Fülle des Lebens in all ihrer Pracht erfahren.

DANKSAGUNG

Am Ende dieser Reise durch die Welt der Genügsamkeit erfüllt mich tiefe Dankbarkeit für all jene, die mich auf diesem Weg inspiriert, unterstützt und begleitet haben. Jeder von ihnen hat einen unschätzbaren Beitrag zu diesem Werk geleistet, oft ohne es zu wissen.

Mein Herz ist voller Wertschätzung für die unzähligen Menschen, deren Geschichten, Weisheiten und Erfahrungen dieses Buch bereichert haben. Ihre Offenheit, ihre Bereitschaft, ihr Leben zu teilen und ihre Einsichten weiterzugeben, haben mich tief berührt und waren der Nährboden für jede Seite dieses Buches.

Ich danke den stillen Vorbildern, deren Leben in Genügsamkeit mich inspiriert und mir gezeigt hat, dass ein erfülltes Leben jenseits von materiellem Überfluss möglich ist. Ihre gelebte Weisheit war mir Kompass und Ermutigung zugleich.

Meine Dankbarkeit gilt auch den Denkern, Philosophen und spirituellen Lehrern, deren Worte und Ideen mich herausgefordert, zum Nachdenken angeregt und meine Perspektive erweitert haben. Ihre zeitlosen Einsichten haben diesem Werk Tiefe und Substanz verliehen.

Ein besonderer Dank geht an meine Freunde, die mich während des Schreibprozesses unterstützt, ermutigt und manchmal auch liebevoll herausgefordert haben. Ihre Geduld, ihr Verständnis und ihre unerschütterliche Unterstützung waren der sichere Hafen, aus dem heraus dieses Buch entstehen konnte.

Nicht zuletzt möchte ich euch, liebe Leserinnen und Leser, danken. Eure Bereitschaft, sich auf das Thema Genügsamkeit einzulassen, eure Neugier und euer Wunsch nach einem erfüllteren Leben waren die treibende Kraft hinter jedem geschriebenen Wort.

Jeder von euch hat auf seine Weise dazu beigetragen, dass dieses Buch mehr ist als eine Ansammlung von Worten – es ist ein lebendiges Zeugnis der kollektiven Weisheit und des gemeinsamen Strebens nach einem Leben in Harmonie mit uns selbst und unserer Umwelt.

Möge dieses Werk ein Spiegel der Inspiration sein, die ihr alle mir geschenkt habt, und möge es seinerseits Inspiration und Ermutigung für viele andere sein. Die Reise zur Genügsamkeit ist eine, die wir gemeinsam unternehmen, und ich bin zutiefst dankbar, sie mit euch allen teilen zu dürfen.

In tiefer Verbundenheit und mit herzlichem Dank,

Heiko Wenner